LETTRES A SOPHIE.

TOME QUATRIÈME.

A PARIS, DE L'IMPRIMERIE DE RIGNOUX,
Rue des Francs-Bourgeois-S.-Michel , n° 8.

Lettres

A SOPHIE

Sur la Physique, la Chimie et l'Histoire naturelle;

PAR L. AIMÉ-MARTIN;

AVEC DES NOTES PAR M. PATRIN, DE L'INSTITUT.

Nouvelle Édition.

TOME QUATRIÈME.

———————

PARIS,

CHARLES GOSSELIN, RUE DE SEINE, N° 12;
PARMANTIER, RUE DAUPHINE, N° 14.

MDCCCXXII.

LIVRE QUATRIÈME.

DE L'EAU.

DE L'EAU.

L'eau est répandue avec profusion
sur le globe : dans son état liquide,
on peut la considérer comme un
monde où vivent une infinité d'êtres
organisés ; réduite en vapeurs, elle
forme les nuages et devient l'origine
des rosées, des pluies et des fleuves.
Enfin elle a la propriété de se durcir
et de se changer en glace.

Les anciens physiciens avaient placé
l'eau parmi les substances simples ;
mais les physiciens modernes ont découvert qu'elle était composée de
deux gaz invisibles : l'*oxygène* et l'*hydrogène*.

LETTRES A SOPHIE

SUR

LA PHYSIQUE, LA CHIMIE

ET

L'HISTOIRE NATURELLE.

~~~~~~~~~~~~~~~~~~~~~~~~~~~~

LIVRE QUATRIÈME.

DE L'EAU CONSIDÉRÉE DANS QUELQUES-UNS
DE SES RAPPORTS AVEC LA PHYSIQUE, LA
CHIMIE ET L'HISTOIRE NATURELLE.

———

LETTRE XXXVIII.

L'APPARITION.

———

Je veux aujourd'hui, Sophie, vous entretenir de ce fluide transparent et mobile qui
sert de voile aux Naïades, de miroir aux

bergères, et sur le sein duquel l'Olympe
étonné vit naître et sourire la déesse des
amours.

Non ! s'écrie un buveur favori de Bacchus,
    Non ! tu n'es point disciple d'Épicure.
      Quoi ! tu peux vanter les vertus
      Des Naïades et de l'eau pure ?
Suis les chemins tracés par nos charmans esprits.
Ce couplet si malin qui séduit et gouverne
    La France, les jeux et les ris,
    Ils l'ont écrit en sablant le Falerne,
Et c'est de leurs caveaux qu'ils règnent sur Paris.
Penses-tu, jeune auteur, qu'avec autant de peine,
Aux sommets du Parnasse, et Racine et Boileau
Se fussent élancés pour quelques gouttes d'eau ?
Ah ! l'on n'eût pas tari les sources d'Hypocrène,
    Si l'onde seule eût formé ses ruisseaux.
Puisqu'ils ont épuisé la céleste fontaine,
Amis, à notre tour, épuisons nos caveaux ;
Que le feu de Bacchus allume notre veine ;
Et créons, s'il se peut, des chefs-d'œuvre nouveaux.
Il est plus d'un chemin pour voler à la gloire.
Ne peux-tu pas encor célébrer un festin,
Et venir te placer au temple de Mémoire,
En chantant les plaisirs et l'amour et le vin ?

J'étais doucement occupé à vous écrire,
quand ce beau discours me fut adressé,

Quelle fut ma surprise ! lorsque m'étant re-
tourné pour voir d'où pouvaient me venir
des avis aussi sages, il me sembla reconnaî-
tre les ombres de Chaulieu, Lafare, Bertin,
Bonnard, enfin de tous les convives aimables du Temple et de Feuillancour : Chapelle était à leur tête,

Chapelle, cet auteur charmant,
Qui fit en badinant un si joli voyage,
    Et nous apprit dans mainte page
    Qu'il était buveur et gourmand.
    Je voyais son ombre vermeille,
    Qu'animaient l'amour et le vin,
Sourire en contemplant l'ombre d'une bouteille
    Qu'elle avait encore dans sa main.

Vous concevez que je ne me trouvais pas
trop à mon aise au milieu de ces aimables
morts ; je les avais si souvent invoqués en
vain, que mon étonnement égalait mon em-
barras. Cependant, lorsque je fus assez re-
mis pour leur adresser la parole, je leur dis :

Vous qui célébriez le plaisir et Ninon,
    Ombres joyeuses et volages,

Si vous quittez le manoir de Pluton
    Pour raisonner comme des sages,
    Asseyez-vous et raisonnons.
  Mais si des cieux dédaignant l'ambroisie,
Le doux jus de Bacchus excite votre envie;
Si vous chantez encor ces légères chansons
    Où vous nous donniez des leçons
    D'amour et de philosophie,
  Mes bons amis, prenez place, et buvons.

A ces mots, les ombres firent un sourire, se posèrent légèrement sur les rayons de ma bibliothéque, et j'entendis Chapelle qui me disait en rimes redoublées :

    Jadis, sur nos charmans rivages,
    Les ombres, pour passer le temps,
    Au sein d'un éternel printemps
    Se promenaient dans les bocages;
    Là, les buveurs et les gourmands,
    Les coquettes et leurs amans
    Veillaient sous les mêmes feuillages;
    Mais les ombres des vrais savans,
    Dédaignant ces ombres volages,
    Avec les héros et les sages
    S'en allaient sous d'autres ombrages
    Pour y louer éloquemment
    L'être inconcevable et puissant
    Qui les tira de la poussière,
    Et qui fit jaillir du néant
    L'astre éclatant de la lumière.

Mais un nouveau jour nous éclaire :
Des sages qui de l'Achéron
Sans retour passent l'onde amère,
Veulent tout apprendre au vulgaire ;
Chacun raisonne chez Pluton,
La science seule y sait plaire,
Et chacun veut avoir raison,
Ainsi qu'on le fait sur la terre.
L'ombre même d'Anacréon,
Cette ombre, jadis si légère,
Délaisse l'Amour et sa mère
Pour Lavoisier et pour Newton.
Lafare et le vif Hamilton,
Chaulieu, Bachaumont, Saint-Aulaire,
Qui, sur les rives du Lignon,
Ont si bien chanté leur bergère,
Délaissant leurs légers pipeaux,
Les bois, les fleurs et la verdure,
Ne chantent plus le doux murmure
Des zéphyrs et des ruisseaux,
Et sont devenus les rivaux
De Buffon et de la Nature.

Oui, dans ce séjour enchanteur
Que neuf fois le Styx environne,
On ne rit plus, mais l'on raisonne
Sur la gaîté, sur le bonheur :
Tu vois bien qu'aux royaumes sombres
Ami, nous philosophons tous,
Et que tu peux charmer nos ombres
En philosophant avec nous

Pendant ce long discours de Chapelle, mille pensées s'étaient succédées dans mon esprit; je me disais :

En vérité, ce Chapelle m'étonne :
Mort, il n'est plus ce qu'il était vivant ;
Sa poésie est celle d'un savant;
Car maintenant, dans les vers qu'il façonne,
On s'aperçoit qu'il pense et qu'il raisonne.
En lui d'où vient un pareil changement?
Je le conçois : quelque moderne sage,
En descendant au ténébreux rivage,
Pour éclairer les sujets de Pluton,
A fait briller le jour de la raison;
Depuis ce temps, hélas! le bon Chapelle
Aura perdu sa gaîté naturelle.

J'aurais encore réfléchi long-temps sur cette révolution philosophique, si l'un de ces messieurs ne m'avait ordonné, en vers bien symétriques, et tombant deux à deux, comme vous savez qu'on les aime aujourd'hui, de me disculper du désir que j'avais témoigné de célébrer l'eau, car la philosophie n'avait pu réussir à détruire leur penchant pour Bacchus. Allons, s'écriait Chapelle, raisonne, raisonne; sois profond

surtout : si l'on ne te comprend pas, l'on t'ad-
mirera. Je vis bien qu'il fallait parler, et me
penchant un peu pour donner à mon corps
l'angle de quatre-vingt-dix degrés, qui, selon Sterne, est l'angle des bons prédica-
teurs, nous commençâmes le dialogue suivant :

MESSIEURS LES ESPRITS,

Dans un siècle où l'on ne croit plus à rien,
vous me forcez presque à croire aux revenans, et toute la profonde science de vos
ombres légères ne peut me sauver du ridicule. Vous ne concevez pas même combien
je ferais rire à mes dépens, si je m'avisais
de dire que j'ai disserté savamment avec des
esprits comme les vôtres ; car dans ce monde,

On croit encor qu'aux rives éternelles,
  Vous façonnez des vers brillans,
Où vous chantez les perdrix et les belles,
  Les poulardes et les gourmands.

Mais enfin, puisque je vois en vous mes

juges, je tâcherai de vous citer les opinions que les savans et les peuples ont eues sur l'eau, et de vous peindre surtout le soin que la Nature a pris de la répandre dans tout l'univers.

Je vous rappellerai d'abord ces Grecs enchanteurs qui transformaient en dieux.les fleuves et les ruisseaux, et qui, pour exprimer par une seule idée que l'onde est la source de l'abondance et des plaisirs, faisaient naître Vénus, la déesse de la volupté, au sein des mers azurées.

CHAPELLE.

, L'allégorie est charmante.

MOI.

La Nature semble la confirmer par le soin qu'elle prend de répandre les eaux sur tout le globe. Mais, direz-vous, il est des pays entiers où il ne pleut jamais. Eh! c'est justement là que la prévoyance de la Nature

brille dans toute sa gloire. Tantôt elle conduit toutes les années un fleuve qui se dé-
borde, couvre les campagnes et les fertilise,
comme le Niger [1] en Afrique, l'Inopus à
Délos [2], le Mydonius en Mésopotamie [3], et
le Nil en Égypte; tantôt elle élève des montagnes dont les pitons attirent les vapeurs
de l'Océan et les changent en fleuves rapides.

Combien d'îles seraient arides et inhabi-
tables, si la Nature n'avait pas eu soin d'y
placer de hautes montagnes, d'où s'échappe
l'eau qui fertilise les plaines. Telle est l'île
de Scyros, dont les terres sont si élevées
qu'elles attirent les vapeurs qui les rafraî-
chissent; telle est la petite île de Nevis, au
centre de laquelle est une montagne couverte d'arbres toujours entourés de nuées;

---

[1] *Marmolii Africa*, tome 1, page 53, 1, cap. 17.
Voyez aussi *de l'Existence de Dieu*, de Nieuwentyt.

[2] *Ezechiel Spanhemius ad Callymachum*, page 247.
Voyez aussi *Traité de l'Existence de Dieu*, de Nieuwentyt.

[3] Idem *Juliani oratio. I*, page 109. *Id.*

telle est enfin l'île des Pins en Amérique,
et celle de Tiné dans l'Archipel, île très-
fertile où les anciens avaient placé les cavernes d'Éole, à cause des vents du nord
qui battent éternellement ses roches escar-
pées.

Mais le voyageur errant dans les déserts
de la Nubie, y jouit encore des bienfaits de
la Providence: C'est là que des rochers s'é-
lancent tout à coup du sein d'une mer de
sables, et forment, comme par enchantement, l'enceinte d'un lac environné de verdure. Cependant la chaleur aurait bientôt
fait évaporer les eaux de ce lac, si sur sa rive
méridionale un rocher de marbre vert ne
s'élevait pour le protéger contre les rayons
du soleil, et ne le couvrait éternellement de
son ombre. Chaque année, pour animer ces
plages solitaires, la Nature y conduit des
nuées d'oiseaux aquatiques qui y passent
leur vie également à l'abri des piéges de
l'homme et des dangers de la tempête.

BERTIN.

Pour orner tous ces tableaux, que n'y mê-
les-tu quelques scènes champêtres et patriar-
cales? Si tu parles d'un ruisseau, rappelle-
toi aussitôt la princesse Nausicaa allant y
laver sa tunique et son voile; si tu veux
peindre une fontaine, fais-y asseoir les filles
de Judée, et que je les voie offrant leur urne
au voyageur et au chameau du désert.

En vers harmonieux tu tracerais alors
  Les mœurs si simples, si naïves,
Et les attraits piquans de ces aimables Juives
Que le Jourdain voyait folâtrer sur ses bords.
  Là, souvent tristes et pensives,
Sous quelque ombrage frais impénétrable au jour,
  Au bruit des ondes fugitives,
  Elles venaient soupirer leur amour.
Tu nous peindrais encore une jeune bergère,
  Qui, prête à rentrer au hameau
A l'heure où le soleil achève sa carrière,
  Conduit en rêvant son troupeau
Sur les bords émaillés d'un ruisseau solitaire :
Le murmure de l'onde et le frémissement
Du mobile feuillage agité par le vent
  Livrent son âme à la mélancolie.
Que dis-je? c'est l'amour qui vient troubler son cœur.

Ne commence-t-il pas aussi notre bonheur
Par une douce rêverie?

MOI.

Heureusement que mes Cacovougliens va-
lent bien votre Nausicaa.

CHAPELLE.

Les Cacovougliens! Ce sont sans doute
des sauvages? les philosophes les aiment
beaucoup.

MOI.

Ce sont tout simplement les habitans d'un
village de l'île de Cythère [1] : or, dans ce
village, il n'y a point de source; on y sup-
plée par des citernes, dont on estime l'eau
autant que vous estimiez jadis les vins de
Toscane et d'Aï. Lorsqu'un Cacovouglien se
marie, son affaire la plus importante est de
sonder la citerne; car l'eau est le présent le

[1] Aujourd'hui Cérigo.

plus précieux qu'il puisse offrir à sa bien-
aimée.

CHAPELLE.

Les Cacovougliens ne feraient pas fortune
en France.

MOI.

Plus on consomme d'eau dans le repas de
noce, plus on passe pour riche. Cette pro-
digalité fait du bruit, elle se répand dans le
village; on jase, on médit, on annonce
même la ruine du dissipateur, et les jeunes
filles envient le sort de l'épousée qui a si bien
régalé ses convives [1].

CHAULIEU.

O Cythère! voilà donc ce que sont devenus tes joyeux habitans!

---

[1] *Voyage historique et littéraire dans les îles des pos-
sessions vénitiennes du Levant*, par Grasset Saint-Sau-
veur, tome III, p. 370.

MOI.

La fraîcheur de l'eau a tant de charmes
pour quelques nations, que les habitans de
Cumana se réunissent le soir, non pour se
promener, mais pour se baigner. Les hommes et les femmes de la haute société ont un
lieu particulier où ils se rassemblent; on y
parle de mode, de politique et de mille autres bagatelles importantes; on y fait, on y
défait les réputations, et ce salon de compa-
gnie est un bain dans la rivière [1]. Il semble
que les jeunes beautés de Cumana aient été
inspirées par ces quatre vers qu'un de ces
esprits charmans qui daignent m'écouter,
adressait jadis au ruisseau de Fontenay :

> Grotte d'où sort ce clair ruisseau,
> De mousse et de fleurs tapissée,
> N'entretiens jamais ma pensée
> Que du murmure de ton eau.

[1] Humboldt, *Voyages dans les Terres équinoxiales
du continent de l'Amérique*, tome I.

A ces mots, Chaulieu fit un sourire, Chapelle regarda sa bouteille, et je continuai ainsi :

MOI.

Avez-vous quelquefois considéré la terre du haut de l'empyrée ?

CHAULIEU.

Oui ; c'est une petite boule un peu aplatie vers ses pôles, qui flotte dans l'espace, et tourne avec rapidité autour du soleil, en lui présentant tour à tour ses deux côtés qu'il couvre de lumière.

> C'est un point dans l'immensité
> Où l'homme naît, pleure, s'élève et tombe ;
> Mais où l'homme lui-même, appuyé sur sa tombe,
> Devine son éternité.

> C'est un monde où soumis au plus malheureux sort,
> L'homme meurt lentement au sein de la souffrance ;
> Mais où, pour oublier la douleur et la mort,
> Il suffit d'un peu d'espérance.

C'est un monde où le doux plaisir
S'envole d'une aile légère,
Fuit le palais pour la chaumière,
L'abondance pour le désir.

Enfin c'est un monde où le sage
Dans une douce paix laisse couler ses jours,
Assis sous un léger feuillage,
Entre Bacchus et les Amours.

MOI.

Nos philosophes ont vu tout cela sans avoir eu besoin de s'élever sur des nuées; mais n'avez-vous rien remarqué de plus?

CHAULIEU.

Toutes les sottises des hommes. Ce chapitre serait trop long. Je n'ai plus rien à dire, à moins que vous n'aimiez mieux vous représenter, avec Kepler et quelques modernes [1], le monde comme un animal marchant

---

[1] *Voyez* l'ouvrage ayant pour titre : *Clé des Phénomènes de la Nature. Voyez* aussi Campanella , *de Sensu rerum*, ouvrage où ce philosophe dit que le monde est

à grands pas dans le ciel., Pythagore. vous
dira que cet animal sait parfaitement la musique, et que ses mouvemens forment un
concert mélodieux.

MOI.

Ah! si je pouvais m'asseoir comme vous
sur un trône de nuages, et contempler de là
le globe de la terre, avec quel plaisir je
peindrais aux mortels étonnés cette boule
suspendue dans l'air, autour de laquelle
circulent de tous côtés et dans tous les sens,
des mers profondes, des fleuves rapides et
de frais ruisseaux! Je les verrais semblables
à des bandes argentées, envelopper la terre
en formant des Méandres délicieux. Mais
de quel nouvel enthousiasme mon âme ne
serait-elle pas saisie, en découvrant la sagesse de la Nature dans la distribution des

un animal; que ses mains sont les rayons de la lumière
qui émanent de sa substance; que ses pieds sont l'atmosphère des planètes; et que ses yeux sont les étoiles
du firmament.

eaux! Toute la terre arrosée, fécondée et embellie, est un assez beau spectacle. Je montrerais les mers du nord en équilibre avec les mers du midi; la mer Atlantique avec la mer Pacifique; l'Océan séparant les deux mondes et baignant leurs deux rives; enfin les chaînes de montagnes disposées avec une si grande sagesse, que les fleuves qui s'échappent de leur sein arrosent tous les points du globe, et fertilisent les rivages qu'ils baignent de leurs flots.

CHAPELLE.

Ami, ton discours est fort beau;
Cependant il ne prouve guère
Qu'il soit permis de chanter l'eau,
Lorsqu'on peut verser à plein verre
Les vins de Chypre et de Bordeaux.
Crois-moi, dans leur course légère,
Laisse murmurer les ruisseaux;
Laisse le dieu de la rivière
Couché sur son lit de roseaux;
Et, le front couronné de lierre,
Viens chanter sur des airs nouveaux,
Le vin qui rit dans la fougère,
L'amour qui trouble ton repos,
Et les attraits de ta bergère.

MOI.

Eh quoi! monsieur Chapelle, oublieriez-vous déjà la science pour retourner au plaisir?. Mais vraiment c'est être tout-à-fait philosophe que de se contredire à chaque instant. Que dis-je? les lumières ont fait de si grands progrès dans l'autre monde, que j'ai droit de tout espérer de vos ombres. Daignez donc m'entendre; je n'ai plus que d'aimables tableaux à vous offrir. Je vous décrirai cet immense miroir des eaux où la Nature, les arbres, les montagnes, le soleil même, viennent se peindre avec toute leur pompe, et, pour vous jeter dans une douce rêverie, je vous rappellerai ces heures de la nuit où la lune mélancolique suit sur les eaux le voyageur qui marche silencieusement le long du rivage.

CHAULIEU.

Alors, dans un calme enchanteur,
Le troubadour soupire une romance;

La solitude et le silence
Inspirent doucement son cœur.
De l'antique chevalerie
Il chante les exploits brillans,
Et les amours du bon vieux temps
Entretiennent sa rêverie.

Déjà l'astre des nuits, achevant sa carrière,
  S'abaisse derrière un coteau,
    Et sur la rive solitaire
Blanchit au loin les murs d'un antique château.

Peut-être qu'au sommet de cette vieille tour,
  Au bruit des flots la garde est attentive;
Peut-être une beauté solitaire et pensive,
Y prête encor l'oreille aux chants du troubadour.

Tu vois que je t'aide moi-même à gagner
ta cause. Mais il me semble que l'ombre de
Chapelle s'est endormie.

MOI.

Ah! si c'était chez les morts comme chez
les vivans, où lorsque l'on endort ses juges
on gagne sa cause, je serais sûr de la victoire. Que ne puis-je l'endormir encore plus

profondément au bruit des ondes! je vous
peindrais alors les scènes enchantées qui
remplissent de vie et de mouvement les rives des fleuves et des rivières, ombragées
de platanes et de saules d'orient. A travers
les joncs et les roseaux, l'œil surpris découvre le cygne au bec d'or, au plumage ar-
genté, pendant que, sur le rivage, le paon
de la Chine étale sa queue éblouissante, et
que le rossignol élève une voix mélodieuse
pour célébrer la Nature et l'amour.

> Là, dans le sein d'une prairie,
> Vous chantiez vos galans travaux;
> Et, cédant à la rêverie
> Que le doux murmure des flots
> Jetait dans votre âme ravie,
> Assis sur la rive fleurie,
> Dans l'indolence et le repos,
> Vous laissiez couler votre vie
> Comme l'onde de vos ruisseaux.

A ces mots, l'ombre de Chapelle fit un
mouvement, se réveilla en bâillant, et de-
manda où l'on en était. Au palais des Chinois, répondis-je.

Imaginez-vous une multitude de palais transparens, élevés sous les eaux d'un lac ou d'une rivière. Au milieu des vagues agitées qui roulent sur leurs dômes de cristal apparaissent, comme par enchantement, des flottes de sarcelles aux plumages bariolés de noir, de blanc et de jaune, et des colonnes de poissons, dont les écailles gris de lin ou d'or, d'azur ou de pourpre [1], réfléchissent toutes les nuances de l'arc-en-ciel. Les rayons du soleil qui resplendissent sur les flots, s'éteignent peu à peu en traversant ces vastes profondeurs, et ne répandent plus dans ces palais qu'un demi jour voluptueux, semblable aux lueurs de la lune. Là, tout ravit les sens et enchante l'imagination. Au milieu des jardins qui se prolongent sous ces voûtes de cristal, à travers les bosquets de jasmins, de roses et de magnolia, le paon déploie sa brillante parure, les sarcelles bariolées de noir et de jaune jouent

[1] Le P. Atiret, *Lettres édifiantes*, tome XXVII.

sur les eaux, et les colibris, se détachant
des tiges de l'hortensia, apparaissent comme
des fleurs animées, tandis que l'oiseau aux
miroirs réfléchit sur ses ailes d'argent tous
les tableaux variés qui l'environnent. Quelquefois des colonnes d'eau de senteur, élancées dans les airs qu'elles embaument, vont
se perdre sous le gazon, d'où s'échappe par
intervalles une harmonie ravissante qui se
mêle à la voix des oiseaux, aux murmures
des flots et aux chants de jeunes beautés
errantes dans ces jardins. Telle est l'habitation des riches mandarins pendant les
chaleurs du jour; habitation qui serait digne de vos ombres voluptueuses, si les
Champs-Élysées pouvaient consentir à vous
rendre à la terre.... J'achevais à peine ces
mots,

Que sur ses fondemens la terre s'ébranla,
    Qu'on entendit gronder l'orage,
    Et qu'un éclair vint frapper le visage
    Des ombres qui se trouvaient là.
Je connais, dit Chapelle, au signal que voilà,
    Qu'il faut descendre au ténébreux rivage.

Le noir Pluton doit s'ennuyer là-bas,
Et c'est pour raisonner, je gage,
Qu'il nous appelle avec tant de fracas.
Adieu. Je vais où le fou devient sage.
Pour ce pays un jour tu partiras ;
Mais, crois-moi, ne fais ce voyage
Que le plus tard que tu pourras.

En ce moment, la fenêtre de mon cabinet s'ouvrit doucement, et je vis entrer une femme d'une beauté céleste, qui faisait signe à Chapelle de la suivre ; j'allais lui demander son nom ;

Mais à son regard plein de feux,
A certain air voluptueux
Répandu sur tout son visage,
Je nommai la beauté volage
Dont tout Paris fut amoureux,
Et qui fit des amans heureux
Jusque sur le déclin de l'âge.
Du ciel elle eut tout en partage :
C'était un aimable assemblage
De légèreté, de raison ;
Les Grâces, une folle, un sage,
Vénus, l'Amour, enfin Ninon.
Sa démarche était noble et fière ;
J'admirais sa taille légère,
Son air coquet, son air galant,
Et ce ton frivole et savant

Que la friponne assurément
Conserva dans la nuit profonde
Pour le bien de plus d'un amant
Qui l'attendaient dans l'autre monde.

Mes amis, s'écria Ninon, il n'y a pas un instant à perdre. Il se passe chez Pluton des choses merveilleuses et qui vous intéressent. L'ombre d'un savant échappée au néant est descendue hier dans l'Élysée; ayant communiqué à Anacréon la belle découverte de la décomposition de l'eau par la pile galvanique, Anacréon en a instruit ses amis : à cette nouvelle, ils ont été saisis d'une joie divine; tous ont juré de ne pas laisser une seule goutte d'eau dans les enfers. Aristippe est à leur tête, il les commande, les anime, les soutient; déjà le zinc et l'argent, unis par des cartons humides, s'élèvent de tous côtés comme des colonnes immenses. Les ombres, amies de la nouveauté, sont assemblées sur les bords du Styx pour assister à cette expérience; les cris, les transports, l'allégresse, remplissent les enfers; c'est

une véritable révolution, et si Pluton n'y
prend garde, il n'aura bientôt pas une
goutte d'eau dans son empire. Anacréon
ose plus encore : par le moyen du gaz inflammable de l'eau décomposée, il menace
d'enlever toutes les ombres dans des ballons,
et alors vous aurez beau jeu sur la terre;

> Car si chacun reprend son bien,
> Vos modernes auteurs n'auront pas l'avantage ;
> Et vous verrez réduire à rien
> Tous les chefs-d'œuvre de votre âge.

Le danger est pressant, m'écriai-je! ah!
de grâce, au nom de tous les poëtes présens
et à venir, courez empêcher une pareille révolution; je vous en conjure à genoux.... Je
parlais encore, et les ombres avaient disparu. Je me trouvai seul devant les bustes
de Chaulieu et de Ninon, avec les OEuvres
de Chapelle à la main; mes esprits étaient
si troublés, que je ne sais si ce que je viens
de vous raconter est un songe ou une réa-
lité. Tout ce dont je crois me souvenir, c'est
que Bertin me dit avant de s'envoler :

Disciple de la volupté,
Je fus l'amant des Muses et des Grâces;
   Si tu veux marcher sur mes traces,
   Comme moi chante la beauté.
Pour célébrer les héros de la terre,
   N'invoque pas le dieu du jour;
   Ta lyre appellerait la guerre,
   Et ton cœur nommerait l'amour.
   Voit-on la colombe fidèle
Emporter dans les airs le char du roi des dieux,
   Et la timide Philomèle,
Pour suivre l'aigle altier, s'élancer dans les cieux?
   Imite-moi pour jouir de ma gloire;
J'aimai, je fus aimé, c'est toute mon histoire.
   Les Grâces, l'Amour et Vénus
Guideront ta Sophie au temple de Mémoire;
   Mais tu célèbres ses vertus,
   Et moi je chantai ma victoire.

LETTRE XXXIX.

DE LA ROSÉE ET DE L'ORIGINE DES SOURCES.

Oui, j'ai vu ces esprits charmans
Qui font la gloire de la France,
Célèbres par leur éloquence,
Leurs jeux, leurs petits vers galans,
Et surtout par leur inconstance.
Léger rival d'Anacréon,
De la volupté qui l'inspire,
Chaulieu conserve encor le ton,
La grâce et le joyeux sourire.
Il chantait avec abandon,
Et dans son aimable délire,
Badinant avec la raison,
Il s'amusait de sa chanson
Et laissait résonner sa lyre.
Esprit aimable et paresseux,
Moins auteur que joyeux convive,
Il sut embellir par des jeux
Une existence fugitive,
Et n'emporta sur l'autre rive
Aucun souvenir douloureux.
Mollement couché sous la treille,
Si dès l'aurore il se réveille,
C'est pour célébrer la beauté;
Et la nuit, lorsque tout sommeille,

Si près de son amante il veille,
C'est encor pour la volupté.
Ainsi, lorsque le grand Corneille,
Du Cid enfantait la merveille,
Et que, plus tendre et plus heureux,
Racine enchantait notre oreille
Par des accords mélodieux,
A table, au sein de la folie,
Du fruit de ses joyeux loisirs,
Il charmait notre âme ravie,
Et ne célébrait les plaisirs
Dont il embellissait sa vie,
Que pour garder leurs souvenirs.

Vous me demandez comment il est possible que les morts ignorent dans l'autre monde les mystères de celui-ci? On croit assez généralement, me dites-vous, que les ombres qui errent dans les Champs-Élysées possèdent toutes les sciences de la terre. Il n'en est cependant rien, Sophie, et voici ce que Ninon a daigné m'apprendre à ce sujet. Comme je lui témoignais ma surprise de la voir instruite si tard de la découverte de la pile galvanique, elle me répondit:

Cher docteur, à ne vous rien taire,
On ne sait point tout chez Pluton :

Au temps de Virgile et d'Homère,
Au temps même du grand Newton,
Les savans, en quittant la terre,
Promenaient leur ombre légère
Sur les rives de l'Achéron;
Là, pour enchanter notre oreille,
Sur les secrets du firmament
Chacun dissertait à merveille,
Et tous les jours nouveau savant
Venait détruire en un moment
Le beau système de la veille;
Mais depuis qu'à pas de géant
On a vu marcher la science,
Les savans, fiers de leur puissance,
Voyagent tous vers le néant.
Ils ont dédaigné l'espérance
De venir un jour parmi nous;
Le néant les engloutit tous,
Et nous restons dans l'ignorance.
Venez dans nos jardins charmans,
De votre brillante doctrine
Instruire les mânes errans.
Platon répétera vos chants!
Chapelle, à ces accords touchans,
Réveillant sa muse badine,
Chantera d'une voix divine
Le vin, la beauté, les savans;
Et l'âme toujours plus ravie
Du sujet qu'il aura chanté,
Aux accords de sa mélodie
Nous passerons l'éternité.

Je fus tellement surpris du discours de Ninon, que je gardai à peine assez de présence d'esprit pour me refuser à son invitation. Chaulieu, étonné de mon refus, fit, avec une grande éloquence, passer sous mes yeux le tableau des misères humaines; il me peignit l'homme jeté dans le monde au milieu des méchans qui travaillent à le perdre, les hasards de la fortune, l'insolence des grands, l'indifférence des heureux. Rien ne put diminuer l'amour que je me sentais pour la vie, et les ombres me quittèrent assez mécontentes de mon courage.

Voilà, Sophie, ce que j'avais oublié de vous dire dans ma dernière lettre; à présent je vais profiter de la permission que j'ai obtenue de faire l'éloge de l'eau. Je peindrai les phénomènes de la rosée, et j'espère vous apprendre des choses si nouvelles, que Chapelle lui-même en serait satisfait.

La rosée embellit la nature; elle naît avec le printemps, et réveille les zéphyrs qui sèment les fleurs sur leurs pas. Le soir,

quand le dernier rayon du soleil éclaire
l'horizon, elle remplit toute l'atmosphère
d'une fraîcheur délicieuse; le matin elle
s'élève avec l'aurore, et retombe en perles
dans le calice des fleurs. Soudain la prairie
brille de l'éclat le plus varié; tout s'anime
et s'embellit, une vapeur légère a changé la
face de la Nature.

Pour bien concevoir la formation de
la rosée, il faut savoir que l'air a la
propriété de contenir de l'eau à l'état de
vapeur, et d'autant plus que sa température
est plus élevée. Le soir, lorsque l'air se re-
froidit, une partie de l'eau se précipite parce
qu'elle perd le calorique qui lui donnait la
forme gazeuse. Le matin, au contraire, l'atmosphère, en s'échauffant, se charge d'une
rosée vivifiante qu'elle élève de la terre.

La rosée est destinée à remplacer les
pluies dans les climats secs et arides. C'est
ainsi que des vapeurs continuelles humectent
les champs situés sous la zone torride. Dans
l'Arabie heureuse, où il pleut rarement, la

rosée seule suffit à l'entretien des plantes
aromatiques dont la terre est couverte : la
même chose arrive dans le Languedoc et
dans la Provence, pays abondant en herbes
odoriférantes, et où les pluies sont aussi
très-rares. Mais c'est surtout dans les plaines
du Pérou que la Providence se plaît à répandre elle-même la rosée. Dès que l'hiver
est passé, des brumes légères remplissent
soudain l'atmosphère, humectent les vallées
et les couvrent de gazons et de fleurs. Ces
rosées sont si douces, qu'elles mouillent à
peine les habits; cependant elles suffisent
pour rafraîchir et féconder les champs,
parce que les rayons du soleil, étant inter-
ceptés par des brouillards très-élevés, ne
peuvent pas absorber ces vapeurs vivifiantes.

Les anciens alchimistes avaient fait de la
rosée la base de leur breuvage d'immortalité. Plus de cent ans avant l'ère chrétienne,
Ven-Ti, empereur de la Chine, séduit par
les promesses de quelques charlatans, fit
construire un palais de bois de senteur, dont

le parfum se répandait à plusieurs milles de distance. Au milieu de ce palais s'élevait une tour de cuivre de près de quatre cents pieds de hauteur, terminée par un grand entonnoir destiné à recevoir la rosée du ciel. Un certain nombre de perles d'un grand prix, dissoutes dans cette rosée, devaient achever la teinture de l'immortalité. On devine bien que tout cela ne servit qu'à déc tromper le trop crédule empereur.

C'est ici le lieu de vous décrire une expérience aussi curieuse que surprenante. Une urne de verre ou d'argile, exposée à la rosée, est bientôt inondée de ses gouttes bienfaisantes; mais si l'on place auprès une urne d'argent, la rosée semble la fuir. En vain vous l'unissez à un vase de terre : ce vase se remplit, et le métal reste sec.

Pythagore, qui disait que tout est sensible dans la Nature, n'aurait pas été embarrassé pour expliquer ce phénomène. Vous allez rire de mon idée; mais il me semble qu'on peut attribuer ce choix modeste de la rosée

à quelque sylphe qui, peut-être, veut par-
là nous inspirer le mépris des richesses. Ceci
n'est point un système sorti de ma cervelle.
Un savant renommé expliquait ainsi tous les
phénomènes de la Nature. Selon lui, l'air
est peuplé de sylphes, la mer d'ondins, le
feu de salamandres, et la terre de gnomes.
Cette idée devint tellement à la mode, qu'il
fut un temps où chaque dame avait son
sylphe qui lui rendait visite en l'absence de
son mari; c'était le bon ton; mais ces amans,
d'une substance déliée et subtile, passèrent
bien vite de mode. Voici les occupations
qu'on donnait à ces êtres aériens :

> Les uns dans les plaines des cieux
> Courent et folâtrent sans cesse,
> Et de ces globes radieux
> Que l'espace cache à nos yeux,
> Règlent la marche et la vitesse;
> Ceux-là de l'orient vermeil
> A l'aurore ouvrent la barrière;
> D'autres, aux rayons du soleil,
> Sur les sottises de la terre
> Très-gravement tiennent conseil.
> Lorsque de la céleste voûte
> Une étoile tombe la nuit,

Pour la remettre dans sa route
Aussitôt un sylphe la suit.
Ceux-ci déchaînent les tempêtes,
Excitent la fureur des vents,
Et de la foudre, sur nos têtes,
Allument les carreaux brûlans.
Mais d'autres sylphes plus aimables
Colorent l'écharpe d'Iris
De ces nuances admirables
Qui charment nos regards surpris.
Heureux sylphes ! c'est vous encore
Qui veillez sans cesse au destin
Du sexe aimable que j'adore ;
Pour plaire et pour séduire enfin,
Vous lui donnez tout en partage ;
Vous semez des fleurs sur son sein,
Et c'est sous votre heureuse main
Qu'on voit naître le doux carmin
Et les grâces de son visage [1].

Voilà des sylphes bien galans ; mais si vous
ne vous contentez pas de leur science, per-
mettez-moi d'essayer une explication plus
sérieuse, et que vous comprendrez parfaitement. Vous n'ignorez pas, assurément,

---

[1] J'ai imité ce morceau de Pope, *Boucle de cheveux enlevée.*
Voyez le comte de Gabalis, et les Œuvres de Paracelse, qui
paraît être l'inventeur des Sylphes, etc. C'est au moyen de ces
petits génies, habitans de l'air, de l'eau et du feu, qu'il expliquait sérieusement tous les phénomènes de l'univers.

que les corps peuvent se trouver dans deux
états différens d'électricité, l'un *en plus*,
l'autre *en moins*, et que deux corps électrisés de la même manière se repoussent.

Vous voyez déjà, j'en suis sûr, la fin de
mon explication. Les corps de métal qu'on
expose à la rosée étant d'excellens conducteurs d'électricité, se chargent facilement de
celle qui leur est communiquée par l'air environnant; ils se trouvent donc électrisés
en plus, comme l'est toujours l'atmosphère
dans un temps serein, et conséquemment ils
doivent repousser les gouttes de rosée, également électrisées *en plus*.

Le passage de la rosée à l'origine des
fleuves est naturel, et je vais vous dévoiler
les mystères de leurs sources.

Ne croyez pas que je veuille achever de
creuser ces canaux souterrains qui, selon
Descartes, conduisaient les flots de la mer
jusque dans d'immenses cavernes situées sous
les montagnes; je ne veux point non plus,
après avoir fait vaporiser les eaux, pour

qu'elles perdent leur sel, les faire subitement condenser et jaillir au dehors en
fleuves et en torrens : là Nature ne se sert
ni de souterrains, ni de cavernes, ni d'alambics ; et notre pauvre Descartes, avec tout
son génie, est au nombre de ces savans

> Qui, s'appuyant sur un roseau,
> Aimaient à voyager au pays des chimères,
> Et qui régnaient comme Sancho
> Sur des états imaginaires.

C'est dans les cieux que les fleuves ont
leur source ; ne la cherchez plus dans le
creux des montagnes.

Les physiciens, comme je vous l'ai dit,
ont reconnu que l'air a la propriété de contenir de l'eau en vapeurs et de l'enlever
dans les plaines du ciel : c'est à ces vapeurs
qui se condensent éternellement à la cime
des montagnes, que les fleuves doivent leur
origine. Cette affluence permanente et toujours égale suffirait à l'entretien des sources,
lors même que la pointe des monts n'atti-

rerait pas les nuées chargées de neige, de rosée et de pluie. Ne vous êtes-vous jamais trouvée le matin à l'heure où la rosée, cédant aux rayons du soleil, s'élève comme une vapeur légère ? c'est une leçon de physique; voilà l'origine des fleuves.

Ainsi c'est par la voie des cieux qu'on pourrait dire que les fleuves remontent à leur source. De ce commerce du ciel et de la terre naissent les masses d'eaux qui fertilisent l'univers; et la fable présageait les découvertes de la science, lorsqu'elle donnait une origine céleste à tous les phénomènes de la Nature. Aujourd'hui la fable a disparu devant la vérité.

Les nymphes ne vont plus dans nos plaines riantes
Épancher doucement leurs urnes bienfaisantes;
Le dieu glacé du fleuve a fui dans ses roseaux,
Et la Naïade en pleurs a cédé ses ruisseaux.
Neptune au sein des flots vainement en murmure;
Sa puissance est rendue au Dieu de la Nature,
Au Dieu de la lumière, à ce Dieu bienfaiteur
Que l'homme vertueux trouve au fond de son cœur,
Dieu qui voit à ses pieds tous les rois de la terre,
Qui, sans armer ses mains des flèches du tonnerre,

Jusque sur leurs autels fait pâlir les faux dieux,
Et qui remplit lui seul l'immensité des cieux.

Quel sublime spectacle nous présente
l'Océan, ce vaste réservoir où tous les
fleuves prennent leur source? Voyez ces
nuages presque diaphanes que l'air et le
soleil lui enlèvent sans cesse; portés vers les
montagnes, ils y changent de forme, et roulent majestueusement jusqu'à la mer, d'où ils
sont de nouveau élevés vers le ciel. Ainsi,
dans ce cercle éternel, je vois tous les fleuves
passer sur ma tête comme de légères vapeurs; je vois tous les jardins de l'univers,
les arbres, les prairies, les fleurs, sous la
forme de quelques gouttes d'eau. Une montagne arrête ce nuage, et soudain un torrent
jaillit, la verdure est plus fraîche, les plaines
plus riantes; et les moissons couvrent les
guérets.

En contemplant ces changemens, ces
transformations éternelles des eaux en
nuages, en fleuves, en prairies, en fruits

délicats et savoureux, qui ne serait tenté de croire avec Thalès que l'eau est l'unique élément de l'univers?

Lorsque tous les fleuves roulent sous des voûtes glacées, la mer seule conserve sa fluidité, à cause du sel qu'elle contient. Peut-être ne verrez-vous dans cette exception qu'un caprice de la Nature; hé bien! essayons de découvrir la vérité. Si le froid glaçait l'Océan, l'air, ne rencontrant qu'une surface durcie, ne pourrait plus y puiser ces légères vapeurs qu'il est chargé de porter à la cime des montagnes pour alimenter toutes les sources du globe, et les ruisseaux, les rivières et les fleuves se tariraient dès les premiers jours de l'hiver; nulle pluie ne tomberait des cieux pour purifier l'atmosphère, et la neige ne réchaufferait pas les germes endormis de toutes les plantes. Il est vrai que dans la saison des frimas, la terre languit dépouillée; mais s'il n'est point de fleurs qui demandent de fraîches rosées, il est des animaux qui viennent aux bords des fontaines pour se désaltérer; l'homme brise la glace, et puise l'onde nécessaire à sa vie. Ainsi, cette exception miraculeuse, au lieu d'être un caprice de la Nature, est un bienfait d'une intelligence suprême qui prévoyait les besoins de tous les êtres divers.

Je ne vous parlerai pas de ces machines inventées par le génie de l'homme pour élever les eaux sur les rochers arides et les faire jaillir, sous mille formes agréables, dans nos jardins et dans nos palais. Qu'est-ce que toutes les merveilles de l'hydraulique auprès de cet océan de vapeurs, qui, raréfié par le soleil, roule dans le ciel, retombe en pluie, est de nouveau enlevé par l'astre du jour, porté par les vents sur d'autres contrées, et qui, dans un court espace de temps, arrose et fertilise ainsi tous les climats? Chose admirable! les mêmes rayons du soleil qui menaçaient de tout embraser, servent à pomper et à raréfier les eaux qui doivent tempérer leur ardeur; c'est le soleil lui-même qui élève et soutient

dans les airs les nuages dont il voile son
front pour rafraîchir la Nature.

Voyez-vous ces flots en fureur
Qui viennent frapper ces rivages?
Transformés en légers nuages,
Ils vont retomber sur la fleur ;
Ils vont ranimer les feuillages
Qui doivent prêter leurs ombrages
Aux ris, aux jeux, à la pudeur,
Servir aux fêtes du village,
Et de plus d'un berger volage,
Cacher la peine ou le bonheur.

Ainsi, quand la terre arrosée
Se pare d'ombrages épais,
Lorsque les gazons les plus frais
Couvrent sa surface épuisée,
Il suffit, pour tant de bienfaits,
De quelques gouttes de rosée.

Oui, c'est au milieu des forêts,
Au sein d'une verte prairie,
Que de la Nature embellie
Vous devez chercher les secrets.
Cependant, sans quitter la ville,
Si pour enchanter vos travaux,
Vous désirez dans votre asile
Jouir de ces rians tableaux
Ouvrez les OEuvres de Delille ;
Écoutez les brillants concerts

De sa Muse élégante et pure :
Voyez la sublime peinture
Qu'il a faite de l'univers ;
Au milieu des bocages verts,
Au bruit de l'onde qui murmure,
Vous croirez, en lisant ses vers,
Contempler encor la Nature.

LETTRE XL.

IMMENSITÉ DES EAUX. LES MARÉES.

Tandis que mes amis, dans une paix profonde,
Assis au frais dans leurs caveaux,
Puisent sans cesse en leurs tonneaux
Les vins qu'ils versent à la ronde,
Moi, je veux sur des airs nouveaux
Célébrer les bienfaits de l'onde.
Sans doute le trait est fort beau;
Mais pas autant que vous pourriez le croire;
Car je promets de chanter l'eau,
Et je ne promets pas d'en boire.

L'onde circule de toutes parts sur la terre; elle baigne les plaines, jaillit des montagnes, et notre globe ressemble à un vaisseau à moitié englouti dans les eaux de l'Océan.

Combien de belles campagnes sont perdues sous ces vagues profondes! combien de villes se seraient élevées! combien d'hommes auraient vécu, là où règne seul un abîme immense! Pourquoi submerger

une partie du globe! Quelle est l'utilité de
ces déserts de l'onde? voilà les armes avec
lesquelles on ose attaquer la Providence.

Mais tout à coup la science découvre
les secrets de la Nature, et fait tourner
ces objections à la gloire du Créateur.

J'irai m'asseoir sur le rocher sauvage
Où la mer vient briser ses flots impétueux ;
Là, sur l'immensité laissant errer mes yeux,
Au bruit lointain des vents, au fracas de l'orage,
    J'interrogerai du rivage
Les abîmes de l'onde, et la terre et les cieux ;
Là, je verrai les vents, ministres des tempêtes,
Mugir en balayant la surface des mers,
Se charger des vapeurs qu'ils portent dans les airs,
Les opposer au feu qui brille sur nos têtes ;
Et les répandre enfin sur ce vaste univers.
Tous les fleuves alors jailliront des montagnes ;
Leurs rivages heureux de fleurs s'embelliront,
Des arbres desséchés les feuilles verdiront,
Et l'or des blonds épis jaunira les campagnes.
Que dis-je? pénétré d'une aimable fraîcheur,
L'univers s'embellit et parle à notre cœur,
Les nuages du ciel ont fécondé la terre,
Et la Nature enfin se pare pour nous plaire.
Ainsi le doux printemps, quand l'hiver est passé,
Demande à l'Océan sa brillante couronne,
Et c'est au sein des mers que les dieux ont placé
Les trésors des moissons et les fruits de l'automne.

Il est entre la faible plante et l'Océan une correspondance invisible et admirable; la vie de l'une est attachée à l'existence de l'autre : n'importe la distance qui les sépare, la Nature sait la franchir. De cet immense gouffre placé entre les deux mondes sortent les élémens des gazons, des fruits et des fleurs : l'onde se change en vin dans la grappe parfumée; on la savoure dans la pêche, l'orange, l'ananas; elle se teint en bleu dans la violette, dore le souci, argente le lis, colore en pourpre l'œillet, et verdit le feuillage. O sagesse admirable! l'immensité seule du bassin des mers peut nous rassurer sur l'existence des races futures;

Et les gourmands des siècles à venir,
Comme les gourmands de notre âge,
Pourront chanter l'amour et le plaisir,
Entre la poire et le fromage.

Thalès avait dit long-temps avant nous : L'onde est le principe de toutes choses; voilà pourquoi elle est répandue avec tant d'abondance.

Les anciens, pour exprimer ce grand
pouvoir de l'eau dans la Nature, avaient
des fêtes consacrées aux fleurs, qu'ils ne célébraient que sur les bords des fleuves et des
ruisseaux. Ainsi les Romains élevaient des
berceaux de verdure sur les rives du Tibre,
et les Spartiates sur celles de l'Eurotas. Là,
les nations assemblées se couronnaient de
roses, et s'abandonnaient à la joie.

Alors la folâtre jeunesse
De Rome et de ses environs,
Cédant à sa brûlante ivresse,
Venait en chantant ces chansons
Où les favoris du Permesse,
Tibulle, Ovide, Anacréon,
Célébraient si bien leur tendresse,
Et si rarement la raison.
Souvent une Nymphe galante,
Sortant du temple de Vénus,
En voyant la troupe inconstante
De ces disciples de Bacchus,
S'écriait d'une voix charmante :
« Accourez tous, jeunes gourmands,
« Vous qui, sur un ton agréable,
« En vers faciles et coulans ;
« Chantez votre délire aimable,
« Et rendez grâce à l'Océan

« Du chapon ou de l'ortolan
« Dont il a couvert votre table. »

Couronnons-nous de roses, ô Sophie! et vo-
lons à notre tour sur les bords de la mer :
qu'elle entende nos hymnes de reconnaissance. Dieu ! quel spectacle s'offre à moi !
mon oreille est frappée du bruit sourd des
flots, je respire un air humide; une foule de
réflexions vagues et confuses sur la grandeur
de Dieu, sur l'immensité de cet abîme,
occupe ma pensée; je contemple, et je ne
peux me lasser de contempler. Oh! qui
peindra ce mouvement éternel des flots qui
tourmentent le rivage, ces tempêtes qui
grondent, ces vents qui soufflent avec violence, ces montagnes d'eau qui s'avancent,
se recourbent, tombent avec fracas, et font
place à de nouvelles montagnes qui s'élèvent
et s'effacent sans cesse? point de relâche,
point d'interruption, point de repos; l'éternité semble être là.

Voilà cet Océan qui, brisant sa barrière,
De son immensité couvrit toute la terre,

Lorsque du haut des cieux l'Éternel irrité
Punissait les humains de leur impiété;
Et depuis, ces humains, avides de conquêtes,
Ont osé sur les flots affronter les tempêtes!
Voyez de toutes parts cent peuples nautonniers,
Las de languir sans gloire au sein de leurs foyers,
Pleins de l'ambition qui déjà les dévore,
Courir dans leurs vaisseaux du couchant à l'aurore,
Et portant devant eux et la mort et les fers,
Envahir et dompter tout ce vaste univers.
Vasco, le fier Vasco, qu'un Dieu guidait sans doute,
De l'Inde, le premier, cherche et trace la route.
Le sombre Adamastor, sortant du fond des eaux,
Veut s'opposer en vain aux projets du héros;
D'un avenir affreux en vain il le menace,
Rien ne peut dans son cœur ébranler son audace;]
Les trombes et les vents, tout cède à ses efforts,
Et de l'Inde bientôt il découvre les bords.
Tout à coup des guerriers, sortis de l'Ibérie,
Sur un monde nouveau fondent avec furie,
Lui ravissent son or, le repos et la paix,
Et reviennent couverts de gloire et de forfaits.
Eh quoi! de ces forfaits spectatrice tranquille,
La mer à leurs vaisseaux peut offrir un asile?
Hélas! et, secondant leurs perfides efforts,
Les laisser triomphans pénétrer dans leurs ports?
Non! Bientôt ils verront les vagues courroucées,
Roulant avec fracas jusqu'au ciel élancées,
Dans leurs frêles vaisseaux entrer de toutes parts,
Et se couvrir au loin de leurs débris épars.

Mais continuons d'étudier les phénomè-

nes de l'Océan. Que vois-je! les eaux fuient
avec rapidité; déjà la plage est à découvert;
la mer a quitté ses rives! Que sont devenues
ces vagues effrayantes qui se heurtaient
avec fureur? Mortel, rassure-toi; les eaux
vont reparaître; elles fuiront pendant six
heures, et reviendront après le même temps.
L'Éternel s'est servi du mouvement pour
empêcher la corruption des eaux et mainte-
nir l'abondance sur la terre.

Vous comprenez, sans doute, que ces
grands mouvemens doivent refouler les eaux
des fleuves et les faire remonter dans les
campagnes. Ce phénomène offre une exception dont les résultats sont bien remarqua-
bles. Imaginez-vous un des plus grands
fleuves de l'univers, le Mississipi, augmenté
par la fonte des neiges et par les vastes
courans de l'Ohio; imaginez-vous, dis-je, ce
fleuve immense, repoussé tout à coup par
la force supérieure de la mer, et engloutis-
sant toute la Basse-Louisiane : tel est le tableau que vous pourriez vous faire de cette

partie du monde, si la Nature prévoyante
n'avait creusé une multitude de canaux qui
reçoivent les eaux du Mississipi et les portent au golfe du Mexique [1], de manière
que ce fleuve qui couvrait des pays entiers,
diminue peu à peu en approchant de la mer,
et ne présente bientôt plus que l'aspect d'un
fleuve ordinaire, où les marées peuvent
d'autant moins se faire ressentir, que l'em-
bouchure du fleuve est plus étroite et son
courant moins rapide. C'est ainsi qu'une
partie du monde a été conservée à l'homme.

Si vous voulez à présent que je vous explique ce mouvement, connu sous le nom de
flux et *reflux* ou de *marées*, je vais faire
parler les savans.

Ce serait une erreur de s'imaginer que
pendant le flux, la masse des eaux devient
plus considérable, et que pendant le reflux
elle diminue. La masse de la mer est tou-

---

[1] Duvallon, *Vue de la Colonie du Mississipi*, page 9.
Voyage de Liancourt, t. 4, p. 189. *Essai sur l'Histoire
de la Nature*, tome 1, page 372.

jours la même; mais il y règne un mouvement par lequel elle est portée alternativement d'une région dans une autre.

C'est ce phénomène, dont les anciens ont tâché inutilement de découvrir les causes. Le philosophe de Stagire, Aristote, étant aux Indes, fut si surpris de ce spectacle, qu'il se noya, dit-on, de désespoir de ne pouvoir l'expliquer[1]. Vous voyez que la science fait aussi des passions,

> Et qu'il arrive assez souvent
> Qu'un rien ou qu'une bagatelle
> Tourne la tête d'un savant
> Comme la tête d'une belle.

Les historiens se sont plus à peindre l'étonnement d'Alexandre, lorsqu'en passant sur les bords de l'*Indus*, il vit ce fleuve remonter vers sa source. Impatient de connaître la cause de ce prodige, il quitte ses guer-

---

[1] Je ne garantis point ce fait, rapporté par plusieurs auteurs, et révoqué en doute par d'autres auteurs non moins estimables.

riers, parvient au rivage de la mer Érythrée,
admire la régularité de ses mouvemens, et
pénétré de sa propre faiblesse à l'aspect de
tant de puissance, il reconnaît qu'il a menti
au monde, et qu'il n'est pas un dieu.

César, prêt à fondre sur l'Angleterre,
s'étonne et n'ose franchir l'espace étroit qui
l'en sépare; mais bientôt, rappelant son
courage, il place son camp sur les bords de
la mer, accoutume ses soldats aux mouvemens de ces flots qui abandonnent et repren-
nent leur rivage, et va conquérir la terre
où devait naître celui qui a donné l'explication de ce phénomène [1].

Les savans modernes se sont évertués
pour découvrir la cause du flux et du reflux,
et quelques-uns même l'ont expliquée par
d'ingénieuses fictions. Sans doute vous aime-
riez mieux croire, avec Bernardin de Saint-
Pierre, que les pôles sont couverts d'immenses glaciers, dont la fonte périodique

[1] *Essai sur l'Histoire de la Nature*, t. I, pag. 267.

augmente ou diminue successivement la
masse des eaux de la mer, que de dire avec
un des plus grands génies de l'Allemagne,
le célèbre Kepler, que la terre est un animal
vivant, et que le flux et le reflux sont l'effet
de sa respiration. L'Anglais Blacmore a
dit, dans le même sens, que les paroxysmes de l'Etna sont des accès de colique.
Mais voici une autre hypothèse :

Imaginez-vous donc voir tous les savans
se désespérant de ne pouvoir expliquer les
marées.

> Leur ignorance était commune,
> Et ces messieurs ne sachant pas
> Où trouver leur cause ici-bas,
> Furent la chercher dans la lune.

C'était aller chercher la vérité bien loin.
Descartes se présenta le premier, et, remar-
quant que l'élévation et l'abaissement des
eaux variaient selon les mouvemens de la
lune, il assura que ce satellite, en passant
au-dessus de nous, excerçait une pression

sur les flots de la mer, et les forçait de se répandre avec vitesse.

Cette belle harmonie entre les marées et les mouvemens de la lune éclaira les savans; et Newton, qui était né pour deviner les lois de l'univers, nous apprit enfin que la lune, au lieu de peser sur les eaux de la mer, les soulevait pendant six heures, en exerçant sur elles une très-forte attraction, et ne les laissait retomber qu'après avoir achevé une partie de son cours.

Cette explication ingénieuse est confirmée par les calculs des mathématiciens; cependant Newton ne la proposait que comme une hypothèse. Ce puissant génie disait, quelque temps avant sa mort : « Je ne sais ce que je puis paraître aux yeux du monde, mais quand je me considère, il me semble que je suis comme un enfant qui, sans oser jeter les yeux sur l'étendue de la mer, se joue sur le rivage, où il ramasse quelques jolis cailloux et de brillantes coquilles; de même, ajoutait-il, le grand océan de vérité se pré-

sente devant moi, sans que je puisse en me-
surer la profondeur [1]. »

Tel est l'aveu du plus grand génie de l'univers. En vérité, je ne conçois pas comment
on peut écrire sur les sciences : quoi qu'il en
soit, le système de Newton est encore aujourd'hui le plus probable : l'adopter, c'est
savoir quelque chose. Je vous conseille donc
d'être Newtonienne, en attendant qu'un savant, mieux instruit de toutes ces merveilles,
vienne nous apprendre ce que nous devons
en penser : je dis un savant, car les poëtes,
vous le savez, ne s'occupent guère de semblables choses.

> Les poëtes, troupe inconstante,
> Avec leurs petits vers galans
> Et leurs cervelles d'ignorans,
> Ont une tête peu pensante.
> Laissant la foule des savans,
> Jusque dans le ciel élancée,
> Sans aller dans le firmament,
> Nous jouissons tout doucement
> Des plus beaux fruits de leur pensée.

[1] *Monthly Repertory.* — 1811.

Que, plein de force et de grandeur,
Delambre ose quitter la terre ;
Qu'il élève son front vainqueur
Parmi ces globes de lumière
Dont il admire la splendeur ;
Nous , de ce globe de poussière,
Applaudissons au voyageur ;
Delille assis dans un bocage,
Célèbre ses fameux travaux,
Et, le contemplant du rivage,
Il chante son brillant voyage
Au doux murmure des ruisseaux.

LETTRE XLI.

LE NOUVEAU MONDE, OÙ DÉCOUVERTES DE SPALLANZANI.

Oui, les mondes sont ma folie!
J'aime ces globes radieux
Étincelans de mille feux
Au sein de la nuit embellie.
Là, souvent loin de tous les yeux,
Je vais admirer l'harmonie
Que ces globes gardent entre eux;
Et de mille êtres merveilleux
Je les peuple à ma fantaisie.
Ainsi je voyage et j'oublie
Qu'ici-bas je suis malheureux,
Et des fatigues de la vie
Je me repose dans les cieux.

Lorsque le galant Fontenelle
Nous fit, en riant, ses adieux,
Quand devers la voûte éternelle.
Il s'en allait à tire d'aile
Contempler l'ouvrage des dieux,
On crut qu'il perdait la cervelle,
On le crut même dans Paris;

Mais pour l'amusement des belles,
Le désespoir des beaux esprits,
Un jour, de ces lointains pays
Il vint nous donner des nouvelles.
Que notre esprit fut enchanté !
Comme on applaudit son courage,
Ses mondes, leur immensité !
Toujours prudent, aimable et sage,
Il n'avait tenté ce voyage
Qu'accompagné de la beauté.

Devers ces zones de lumière
Je veux voyager à mon tour,
Puis, laissant les sources du jour,
Près de vous, guidé par l'amour,
Je veux achever ma carrière :
Je serai semblable à ces preux,
Qui, dans leurs transports amoureux,
Parcouraient l'Europe et l'Asie,
Visitaient l'enfer et les cieux,
Faisaient mille traits de folie,
Livraient mille combats fameux,
Et revenaient, pour être heureux,
Auprès de leur fidèle amie.

Nous ne montâmes point sur l'hyppo-
griffe, nous ne fûmes point emportés sur des
nuées : je ne sais comment cela se fit, mais
nous nous trouvâmes tout à coup au centre
d'un monde inconnu; Cyrano, Pœquillon,

Gulliver, n'avaient jamais rien vu de pareil;
et voilà, disais-je en me frottant les yeux,
voilà pourtant ce qu'on gagne à rêver!

Nous entrâmes dans une forêt dont les
arbres, de figures singulières, étaient char-
gés de longues touffes de fleurs. De là nous
passâmes dans des prairies encore plus merveilleuses; le sol nous sembla partagé en
vallées et en montagnes, dont un gazon frais
tapissait également l'étendue. Des lacs, des
rivières, un vaste océan, divisaient tous ces
tableaux : c'était le spectacle de la Nature,
ou plutôt les illusions d'un panorama.

> En vain j'appelais à grands cris
> Les peuples de ce nouveau monde,
> Une solitude profonde
> S'offrait à mes regards surpris.
> Eh! de grâce, mes bons amis,
> Ne vous cachez pas davantage :
> Vous voyez devant vous un sage
> Qui veut s'instruire, qui voyage,
> Et qui chez des peuples polis
> Vient faire son apprentissage,
> Pour aller ensuite à Paris,
> Au milieu des cercles volages,
> De vos mœurs et de vos usages

Composer de galans récits.
Allons, allons, daignez me dire,
Connaissez-vous dans votre empire
Les avocats, les médecins?
Ah! mes amis, que je vous plains!
Avez-vous des journaux malins
Qui, pour vous plaire et vous instruire,
Sachent répandre à plaines mains
Le sel piquant de la satire?
Est-il parmi vous des savans?
Vraiment c'est une belle chose
Que de voir l'effet et la cause,
Et d'instruire les ignorans!
Avez-vous une académie?
Des auteurs légers et galans?
Aimez-vous la philosophie?
Cédez-vous aux doux sentimens?
Et faites-vous de faux sermens
Aux pieds d'une nymphe jolie?
Votre gloire va commencer.
Ah! gardez-vous de me rien taire;
Vos ridicules sauront plaire;
Mais sans vouloir les rabaisser,
La gloire de les surpasser
Appartient de droit à la terre.

Pendant que je haranguais ainsi, j'aperçus au bord de la mer une espèce d'animal de couleur verte, ayant la forme d'un ballon, et cheminant en roulant sur lui-même. Il

était si transparent, que l'on distinguait sa
structure intérieure. Les anatomistes de ce
pays-là, s'il y en a, doivent avoir beau jeu.
Dans le sein de ce petit globe vivant, je
comptai jusqu'à treize autres globes renfer-
més les uns dans les autres, comme autant
de générations à venir. Voici un plaisant
poisson, m'écriai-je! Parlez plus bas, me
dit une voix inconnue; il ne faut offenser
personne : ce que vous prenez pour un poisson est peut-être une nymphe ou une déesse
de ce monde. Rappelez-vous ce que dit Fon-
tènelle, que rien dans les autres planètes ne
ressemble à ce qu'on voit dans la nôtre. —
Cela est vrai, mais une déesse ronde comme
une boule, et roulant sur elle-même, ressemble bien peu à la Vénus de Médicis; au
reste, approchons; si c'est une déesse, il
faudra bien qu'elle parle.

Je finissais à peine ce discours, qu'un autre spectacle, non moins extraordinaire at-
tira notre attention. Nous aperçûmes un
arbre tout couvert de petites cloches trans-

parentes comme du cristal. Tout à coup
quelques-unes de ces fleurs se détachant de
leurs tiges, se mirent à nager avec grâce;
puis elles se changèrent peu à peu en petits
arbres tout couverts de nouvelles cloches.
D'autres arbres se partageaient en deux,
puis en quatre, puis en huit, etc., surpas-
sant ainsi tout ce que Platon nous a dit des
androgynes, et ce que le savant Demaillet
raconte de cette carpe dont il fait descendre
le genre humain. Enfin nous vîmes un petit
animal qui se reproduisait aux dépens de sa
vie et d'une façon bien singulière : son ven-
tre s'enfla comme une bulle, d'abord trans-
parente, ensuite opaque; puis, le moment
étant venu où il devait donner le jour à sa
petite famille, il éclata en plus de cent mor-
ceaux, semblable à une mine de poudre à
canon, sans que ses petits en souffrissent le
moins du monde [1].

A ces inconnus, comme un sot,
Je parlai si long-temps, que j'étais hors d'haleine;

[1] Muller, *Histor. Verm. prod.* page 83, n° 2511.

Mais, ce que vous croirez à peine,
Ils ne répondaient pas un mot.

Nous nous étions approchés des bords de
cet océan; une vapeur brûlante s'en élevait,
et nous jugeâmes par le thermomètre que
l'eau en était bouillante. Cependant ces pai-
sibles habitans n'avaient pas l'air de s'en
inquiéter : les uns cheminaient lentement,
d'autres couraient très-vite sans jamais s'arrêter; quelques-uns lançaient des fils attachés
à la partie postérieure de leur corps, et s'en
servaient comme d'un ressort pour se trans-
porter d'un saut à de grandes distances;
quelques autres tournaient sans cesse sur
eux-mêmes, comme les bonzes d'Orient,
tandis qu'auprès de là on en voyait qui se
balançaient perpétuellement jusqu'à la fin
de leur vie.

En vérité, m'écriai-je, ce serait une chose
curieuse que ces êtres singuliers fussent
doués de la pensée! — Et pourquoi ne le
seraient-ils pas? dit la même voix qui avait

répondu à ma première observation. En effet, de graves philosophes ont écrit que ces
petites boules, ces cloches, ces arbres,
avaient une âme plus parfaite que celle de
bien des animaux [1]! D'autres savans ont
même été jusqu'à leur attribuer des passions,
telles que la colère et l'amour [2]. — A ces
mots, je ne pus m'empêcher de pousser un
éclat de rire : Hé quoi! m'écriai-je, ces jolis
ballons ont une âme ? ils aiment, ils font l'a-
mour et la guerre ? Vivent les savans, pour
créer des prodiges et pour les expliquer !
J'allais continuer sur le même ton, lorsque
je fus frappé de l'aspect d'une scène qui me
fit penser que je pourrais bien avoir tort.
Au milieu de cette multitude d'êtres merveilleux, je crus apercevoir quelques jeunes
amans occupés de leur seul bonheur. Nous

[1] Crusius, *Anleitung über natürliche Begebenheiten
ordentlich und vorsichtig nach zu denken*. In-8°. Leip-
zig, 1749 et 1772.

[2] *Gleichen, abandlung über die Saamen und infusion
stierchen und über die erzeugung*. In-4°. fig. Nurem-
berg, 1778.

les suivîmes dans la solitude, et, comme
Micromégas, il fallut bien convenir que j'a-
vais pris la *Nature sur le fait.*

> Les plaisirs, dans ces doux momens,
> Secouaient leurs ailes légères
> Sur les gazons où ces bergères
> Folâtraient avec leurs amans.

Nous considérions encore ces tableaux
champêtres, lorsque tout à coup une guerre
furieuse s'éleva autour de nous : on vit accourir une armée de géans ; ils s'avançaient
en dévorant les membres palpitans de leurs
faibles ennemis. Ces anthropophages ne connaissaient qu'une loi, celle du plus fort :
l'enfance, la vieillesse, tout tombait sous
leurs coups. On voyait ces victimes infor-
tunées, englouties toutes vivantes, s'agiter
long-temps encore dans le sein de ceux qui
les dévoraient. La mort et la désolation pla-
naient sur ces rivages, et la paix avait fui
pour toujours.

> Ne sais si dans ce pays-là
> Il est beau d'égorger son semblable, son frère,

Si l'on vous nomme un héros pour cela ;
Mais sais trop bien ce qu'on fait sur la terre.

En ce moment, ayant entendu un grand bruit, je levai les yeux de dessus mon microscope, et les mondes, les habitans, l'Océan, les campagnes disparurent : je ne vis plus devant moi qu'une moisissure imperceptible, et une goutte d'eau, où j'avais fait infuser quelques plantes. — Des millions d'habitans qui ont une âme, qui ressentent l'amour et la haine, qui se caressent ou se dévorent, et tout cela dans une goutte d'eau ! — Oui, Sophie, c'est là que Spallanzani, nouveau Colomb, a conquis un monde inconnu ; car je viens de vous faire l'histoire des animalcules des infusions [1].

On livre des combats dans une goutte d'eau ; ces guerres sont sous nos yeux, et elles nous échappent. Les intérêts, les

[1] *Voyez* Spallanzani, *Observations et Expériences sur les Animalcules*, tome I, ch. IX, p. 96, 204, 214, etc.; *Contemplation de la Nature*, de Bonnet ; *le Microscope*, de Joblot, etc.

guerres, les passions de ces animalcules, que sont-ils pour nous?

La terre est comme cette goutte d'eau dans l'immensité. Que sont nos guerres, nos passions et notre gloire devant l'Éternel?

Un héros a passé, la mort l'a fait connaître ;
Mais tandis que, souillé de meurtres et de sang,
   Il croit lui commander en maître ;
Debout sur un tombeau, tranquille elle l'attend.

Sa gloire l'importune à son heure dernière.
Ah ! la seule vertu conserve sa grandeur,
   En approchant du trône de lumière
Où, dans la paix des cieux, siége le Créateur.

   Heureux celui qui peut cacher sa vie,
Sur les infortunés répandre ses bienfaits,
   Et qui, dans le sein de la paix,
Ne connaît que son champ, l'amour et son amie !

LETTRE XLII.

DE LA GLACE ET DE LA NEIGE.

Dans notre enfance on charmait notre oreille
Par le récit de maints enchantemens,
  Nous apprenions qu'au bon vieux temps
  Les enchanteurs faisaient merveille.
  Alors on voyait des géans,
  Des lutins et des revenans,
  Et quelques beautés sans pareille,
  Fidèles à de vrais amans.

  Ah! des enchanteurs de la France
  Je regrette peu la puissance,
  Les palais bâtis en un jour,
  Les prestiges et la science;
  Des temps heureux de l'innocence
  Je ne regrette que l'amour,
  Ses soupirs et leur récompense.
  Je sais que lorsqu'un enchanteur
  Assistait à notre naissance,
  Il pouvait douer notre cœur
  De sentiment et de constance,
  Nous donner l'esprit, la vaillance,
  Et tout ce qui fait le bonheur;

Mais vous, ô mon aimable amie !
Quand même ce temps reviendrait,
Aucun pouvoir ne vous rendrait
Plus aimable ni plus jolie.
En voyant ce regard si doux,
Vos grâces et votre figure,
Un enchanteur serait jaloux :
Que pourrait-il faire pour vous,
Que n'eût déjà fait la Nature ?

Cependant, si les prodiges ont encore le
don de vous amuser, je vais, par le pouvoir de ma baguette, vous faire jouir d'un
spectacle extraordinaire.

Imaginez un palais de diamans ; son immense façade est diaphane comme l'onde ;
son portique, enrichi de superbes sculptures, s'élève dans les airs ; une foule de
statues de diamant ornent son entrée : le palais des dieux élevé par Homère n'avait
rien d'aussi merveilleux ; des colonnades de
cristal soutiennent ses voûtes transparentes
qui multiplient la lumière du soleil ; les
arbres, les paysages, les scènes animées que
l'œil découvre à travers ses murs, semblent
autant de tableaux exécutés par la main

d'un artiste habile; six canons de cristal et deux mortiers avec leurs affûts et leurs roues également de cristal en défendent l'entrée; la poudre enflammée chasse de leur sein un boulet de fer, et les canons ne se brisent pas. Je vois votre impatience; vous m'accusez, je le parie, de donner ici des contes de fées pour des vérités; et cependant ma description est vraie. Le palais que je viens de décrire a existé quelques instans à Pétersbourg; mais ce que j'ai appelé du cristal et du diamant, n'était qu'un peu d'eau convertie en glace, et dont la main de l'homme avait fait un palais magnifique. [1]

Le premier regard de l'Aurore
Dissipa ce palais brillant,
Comme on voit sous l'effort du vent
Tomber le lis qui vient d'éclore;

Ou comme avec rapidité
Disparaît le plaisir volage,

[1] Mairan, *Dissertation sur la Glace*, partie II, section III, page 277; et la *Description de Krafft*, 1 vol. in-4. Ce palais fut bâti en 1740.

Sitôt que les rides de l'âge
Couvrent les traits de la beauté.

J'ai dit à ces murs éclatans
Que le soleil fit disparaître :
De vos débris je verrai naître
La fleur qui doit parer nos champs.

J'ai dit, et soudain le zéphyr
Ranima la terre épuisée ;
Et je vis son sein refleurir,
Sous les gouttes de la rosée.

Vous avez vu l'eau changée en vapeurs, s'élever vers le ciel, et la voilà devenue semblable à du marbre. Oh! combien la Nature est simple et admirable dans ses phénomènes! Un peu de chaleur rend l'onde invisible comme l'air; avec un degré de moins de chaleur, elle s'écoule en fleuve rapide et fertilise nos guérets; privée enfin d'une partie du feu qu'elle renferme, elle se cristallise, et alors, selon l'expression d'un poëte,

Où la nef a vogué, j'entends crier des chars [1].

[1] Béranger, *Poésies*, tome II, *l'Hiver*.

L'eau ne passe donc à l'état solide, que parce qu'elle cède à l'air qui l'environne une partie du calorique qu'elle contient.

Si vous réfléchissez aux rapports qui existent entre les besoins de la Nature et les propriétés de l'onde sous ces différentes formes; si vous vous assurez de la nécessité qu'elle soit arrêtée et cristallisée à la cime des monts, qu'elle coule ensuite à leurs pieds, enfin que l'air s'en empare, la vaporise et l'élève de nouveau pour la reporter à sa source, vous serez étonnée des soins du Créateur; et, comme Moïse, vous entendrez la voix de Dieu sur la montagne. Otez à l'eau une seule de ses propriétés, l'univers est détruit : l'existence de tous les êtres est attachée à un souffle.

L'eau se modifie de plusieurs autres manières. Vous savez que les nuages sont composés d'une grande quantité de flocons de vapeur; lorsque le froid les saisit et les glace sans changer leurs formes, ils tombent, et c'est de la neige; si le nuage, en se fon-

dant, rapproche ses parties pour se trans-
former en pluie, les gouttes se gèlent, et
c'est de la grêle; ainsi le même nuage donne,
selon la température de l'air, de la neige,
de la pluie ou de la grêle.

La neige est, pour une grande partie du
globe, ce que les eaux du Nil sont pour
l'Égypte. C'est en couvrant nos terres de
ses tapis éclatans, pendant la saison des
frimas, qu'elle empêche le froid de faire
périr les graines et les germes des plantes.
Elle réchauffe et fertilise les champs. Sur
les coteaux du mont Atlas, on voit dès le
mois d'avril les pointes vertes des épis per-
cer sa surface éblouissante, et croître et se
développer à mesure qu'elle diminue : à
peine les guérêts sont-ils entièrement dé-
couverts, que le blé étale ses épis dorés, et
tombe sous la faucille des moissonneurs.
Les habitans de la Savoie et de la Suisse lui
doivent toute leur richesse. Au retour du
printemps, lorsque la neige abandonne les
pâturages qu'elle a conservés, les bergers

conduisent leurs troupeaux sur le penchant des montagnes; en bénissant la Providence qui prend soin de donner un vêtement à la terre pour la préserver de l'atteinte des frimas.

Ainsi l'onde semble ne changer de forme que pour multiplier ses bienfaits. Le poëte Lucrèce connaissait sans doute une partie de sa puissance. Voici à peu près comme il s'exprimait là-dessus en beaux vers latins, que j'ai tâché d'imiter :

L'eau qui tombe à grands flots du séjour azuré
Et qu'engloutit la terre en son sein altéré,
Vous la croyez perdue? eh bien ! elle nous donne
Et les fleurs du printemps et les fruits de l'automne,
Aux arbres dépouillés rend leurs feuillages verts,
D'abondantes moissons couvre nos champs déserts,
Fournit des alimens au roi de la Nature,
Et tous les animaux lui doivent leur pâture.
De là, dans nos forêts tous ces essaims d'oiseaux,
Qui, par leurs doux concerts éveillent les échos;
De là cette jeunesse, espoir de la patrie,
Qui peuple les cités de la riche Italie :
Voyez de toutes parts ces agneaux bondissans
Errer et folâtrer sur les gazons naissans,
Et ces nombreux troupeaux paissant l'herbe fleurie,
Ou couchés mollement au sein de la prairie;

Le lait de leur mamelle en ruisseaux échappé,
Blanchit de loin en loin le sol qu'il a trempé,
Et comblant du colon la modeste espérance,
Dans son champêtre asile entretient l'abondance.
Ainsi donc un peu d'eau tombant du haut des airs,
Pour notre bien se change en mille objets divers;
Et Dieu semble prêter tout son pouvoir à l'onde,
Pour charmer, embellir et conserver le monde [1].

Vous trouverez dans ces vers bien des idées nouvelles, ou que les savans modernes donnent comme telles.

Ne nous étonnons plus de la sagesse des anciens philosophes; c'est à la cime des montagnes qu'ils allaient étudier la Nature: Orphée descendait du mont Hémus pour civiliser les hommes; Thalès passait ses jours sur le Mycale, voisin de Milet; et Anaxagoras de Clazomènes allait contempler les choses divines sur le Mimas, montagne d'Ionie.

Élevons-nous comme eux, allons jouir du spectacle imposant des montagnes, allons étudier les fleuves au milieu des glaces qui

[1] Lucret. Lib. 1. *Voyez* les notes.

se perdent dans les nues : c'est là que Dieu
a renfermé toutes les richesses de la terre ;
c'est là que l'air apporte les eaux de l'Océan;
c'est là que, dans le silence, une main invisible prépare la verdure du printemps et
les moissons de l'automne. Qu'il est grand,
l'homme qui du haut de ces monts devine
l'intention de la Nature, et qui suivant en
idée le cours des fleuves dont il contemple
les sources, élève vers le créateur l'hymne
de la reconnaissance!

La voix imposante du sage
Retentit dans l'immensité ;
Et l'écho de ce lieu sauvage
Répète au loin le nom de la Divinité.

Là, le silence agrandit la pensée,
L'homme sent qu'il est immortel ,
Et son âme, au ciel élancée,
Vole sans s'arrêter aux pieds de l'Éternel.

Au milieu du fracas et du bruit de l'orage,
Saisi d'une sainte terreur,
C'est là que l'homme croit élever son hommage
En présence du Créateur.

Gravissez les sommets des Alpes jusqu'à la *mer de glace*, vous serez effrayée de ce silence, de cette immobilité : il semble que les flots aient été surpris et arrêtés d'un coup de baguette au milieu d'une affreuse tempête. C'est là que le vent s'étend, avec une vitesse inouie, sur des plaines de neige, sans qu'aucun bruit le décèle. Quelquefois, du haut d'un rocher, au moment où vous contemplez une montagne immense, vous la voyez tout à coup s'écrouler et disparaître dans le précipice. Lorsqu'un voyageur égaré appuie sa main sur un rocher étincelant des feux du soleil, et qu'il penche sa tête en bas, il est étonné de ne voir que de l'ombre qui brunit les eaux d'un lac immobile ou d'un torrent furieux :

Il regarde, il écoute ; et l'onde bouillonnante,
De rocher en rocher au loin retentissante,
Tombe, se précipite, et dans un gouffre affreux
S'enfonce, et tout à coup disparaît à ses yeux.
Bientôt il la revoit au fond de la vallée,
Entraînant à grand bruit la glace amoncelée :
Hélas ! et dans ces champs que la neige a couverts,

Il découvre partout l'empreinte des hivers.
Tout dort, et la Nature, immobile, engourdie,
Dans un profond repos semble attendre la vie.

Vous souvient-il, Sophie, de ce jour où, nous promenant dans les gorges des Alpes, nous fûmes arrêtés par un torrent qui roulait entre deux montagnes? Une large arcade de glace, d'un bleu céleste, avait été jetée par la Nature d'un mont à l'autre; elle s'élevait à plus de cent pieds; nous nous avançâmes : comme je tremblais pour vous! Des craquemens horribles nous annonçaient le péril; sous nos pieds roulait le torrent; on entendait le bruit de ses flots à une telle profondeur, que nos yeux osaient à peine s'ouvrir pour la sonder. Enfin nous arrivâmes à l'autre bord; alors se présenta à nos regards la plus belle scène que la Nature puisse créer; le torrent roulait jusqu'au milieu du gouffre, entouré d'ombres noires; mais tout à coup le soleil, perçant à travers les pointes de deux flèches de glace, répandait des flots de lumière sur les eaux réduites en poussière, et les couvrait de toutes les couleurs de l'arc-en-ciel : au-dessus de ces eaux étincelantes, un grand rocher penchait sa tête couverte de sapins dans les ombres du précipice. Comme ce voyage ressemble à celui de la vie!.... Sophie, nous sommes encore sur le pont de glace, pâles et tremblans; nous nous inquiétons du passage, et cependant un spectacle magnifique nous attend à l'autre rive.

Les tableaux que présentent les montagnes sont pleins de magnificence; ils remplissent le cœur d'émotions douces et ineffables en même temps qu'ils élèvent la pensée : il semble qu'à ces grandes hauteurs, l'âme, dégagée de ses misérables passions, ne puisse éprouver que des sentimens sublimes ; comme si, à mesure que l'homme s'approche du ciel, il se dépouillait de ses idées terrestres et reprenait la conscience de sa grandeur!

Séjour où la vertu vit heureuse et tranquille,
Monts sacrés que la paix a choisis pour asile,

Où la Nature étale et dévoile à nos yeux
Les sublimes tableaux de la terre et des cieux,
Oui, je m'éleverai sur vos cimes glacées !
Je veux par votre aspect agrandir mes pensées,
J'irai sur ces rochers que la neige a couverts,
Et jusqu'au pied du trône où le Dieu des hivers,
Immobile, engourdi, de ses mains immortelles
Voile son front blanchi de glaces éternelles.
Alors je chanterai l'éclatant appareil
De vos sommets glacés qu'enflamme le soleil,
Et le léger zéphyr qui reporte à leurs sources
Ces flots qui vers la mer précipitent leurs courses;
Ou d'un sujet plus doux égayant mes tableaux,
Je peindrai de ces monts les modestes hameaux.
Là, du simple berger la main hospitalière
A tous les voyageurs ouvre une humble chaumière;
Là, mon père, fuyant les tyrans et la mort,
De sa patrie en deuil venait pleurer le sort:
Tous les cœurs se hâtaient de calmer ses alarmes;
Tous les yeux par des pleurs répondaient à ses larmes;
Il errait tristement au sommet de ces monts
D'où le Rhône s'échappe et fuit dans les vallons,
Et contemplant ces eaux faibles à leur naissance,
Les suivait en idée au milieu de la France,
Revoyait ces beaux lieux témoins de ses beaux jours,
Calculait le moment où ces flots dans leur cours
Devaient toucher les murs de sa triste patrie,
Arrivait avec eux sur la rive fleurie,
Et dans son rêve heureux saluait ces remparts
Gardés par la vaillance, ennoblis par les arts,
Et qui, chers à l'honneur ainsi qu'à la victoire,
Portent sur leurs débris les marques de leur gloire.

LETTRE XLIII.

DES EAUX SOUTERRAÎNES.

A toi, qui des fleurs du Permesse
Deux fois as couronné ton front,
Et que le dieu de la tendresse
A guidé sur le double mont,
Dans l'âge heureux de la jeunesse ;
A toi, qui dans des vers touchans,
Dictés par le dieu de la lyre,
De la tendre Nina soupira le délire,
Et nous fis plaindre ses tourmens ;
A toi, qui chanta l'espérance,
Ce doux pressentiment d'un heureux avenir,
Qui nous ranime au sein de la souffrance
En nous offrant l'image du plaisir,
Soit qu'en tes vers charmans tu chantes la verdure,
L'espérance ou bien les amours,
Le cœur y reconnaît toujours
Le poëte de la Nature.

O jeune voyageur [1] ! prête-moi tes pinceaux !
Je veux m'asseoir sous les ombrages
Que le Rhône rapide arrose de ses flots,

[1] Allusion au poëme du *Voyage du Poëte*, de M. de Saint-Victor.

Et, comme toi, de mes voyages
Esquisser les riants tableaux ;
Mais lorsque, fatigué de ma course lointaine,
Tu m'entendras appeler le repos ;
Quand j'aurai peint les bois, les vergers, les coteaux,
Et la moisson qui jaunit dans la plaine,
J'irai, comme ton voyageur,
Me reposer au sein d'une prairie,
Et là, dans un trouble enchanteur,
Oubliant les maux de la vie,
Ami, je livrerai mon cœur
A la tendre mélancolie ;
Ou je chanterai le bonheur,
Si je suis auprès de Sophie.

Je voulais vous parler des eaux souterraines et vous peindre en même temps une
des merveilles de la Nature ; je me suis rap-
pelé mon voyage à la grotte de la Balme, et
j'ai écrit.

C'était un beau jour de printemps, nous
sortîmes de Lyon, un ami et moi ; des
crayons, Linné et Bertin, formaient tout
notre équipage ; nous voulions dessiner,
herboriser et chanter nos travaux. La gaieté
nous inspirait, et l'amitié devait embellir
le voyage.

Douce amitié, présent des cieux,
Que tu sèmes de fleurs sur les maux de la vie!
Si la douleur arrache une larme à nos yeux,
Des pleurs de l'amitié cette larme est suivie.
Qu'un véritable ami sait bien nous consoler!
Des secrets du bonheur qu'il sait bien nous instruire!
Partager ses chagrins, n'est-ce pas les détruire?
Partager ses plaisirs, n'est-ce pas les doubler?

Le printemps renaît, et penche sur le
gazon sa corbeille entrelacée de violettes et
de primevères; les plus suaves parfums
s'élèvent dans les airs, et la terre se réjouit
du spectacle que la Nature va donner. Oh!
que l'imagination a bien inspiré les poëtes
lorsqu'ils ont fait du printemps la saison de
l'Élysée! Je te salue, douce aurore de l'année.
Je vous salue, vallées champêtres, forêts
mystérieuses. O scènes ravissantes de l'Ar-
cadie! il n'a fallu qu'un regard du printemps pour vous réaliser à nos yeux. Oui,
bientôt je verrai rougir les premiers bour-
geons, se développer les premiers fruits, et
j'assisterai à la naissance de la rose. Les couleurs les plus belles, voilà la parure du
printemps; le murmure des eaux, le chant

du rossignol, voilà la musique qui précède
son entrée dans les champs.

Cependant nous nous éloignions de la
ville; déjà nous traversions cette plaine,
immense plantée de peupliers, où dix mille
Lyonnais dorment du sommeil de la mort.

Dieu ! quel cri de douleur est venu jusqu'à moi !
Sous le fer des bourreaux c'est un peuple qui tombe :
Il jura de mourir en défendant son roi ;
   · Le voilà couché dans la tombe.

C'est là que ces héros, fameux par leur vaillance,
Élevèrent leurs chants vers la Divinité ;
   Chants sublimes de l'innocence,
Qui devaient retentir toute une éternité !

C'est là que, sans regrets abandonnant la vie,
Pour la dernière fois ils contemplaient les cieux ;
Et leurs regards mourans, tournés vers leur patrie,
   Lui faisaient les derniers adieux.

O cité ! lève-toi, viens des jeunes héros
   Contempler la foule expirante,
   Que ton ombre pâle et sanglante
Veille éternellement autour de leurs tombeaux !

Au pied de tes remparts ils sont venus jurer
   De se couvrir d'une éternelle gloire ;

Et jamais dans tes murs on ne les vit rentrer,
    Que précédés de la victoire.

Pleure, ô triste cité ! pleure sur tes débris !
    Les héros n'ont pu te défendre ;
    Mais au milieu de tes remparts en cendre,
Leurs bataillons entiers dorment ensevelis.

Il y avait déjà plusieurs heures que nous marchions en silence, lorsque je fus tout à coup tiré de ma méditation par un cri de mon ami. Quelle fut ma surprise, d'apercevoir dans le lointain une cité magnifique, telle que vous ne pouvez rien vous figurer de pareil : ses tours, ses clochers se dessinaient sur un ciel d'azur, et les colonnades de plusieurs temples semblaient former son enceinte. Cependant je cherchais à deviner quelle pouvait être cette ville : vains efforts ! Jamais je n'avais entendu dire que Lyon eût un pareil voisinage. Mais voyez ce que peut l'érudition : ne me vint-il pas dans la pensée que ce pourrait bien être certaine ville dont parle Aristophane. Sans doute, me disais-je, fatigués de voyager dans les nuées, ses habitans l'auront fait descendre dans la plaine. Allons, dis-je, à mon ami, ne donnons pas le temps aux voyageurs de pénétrer ici avant nous; approchons, observons, décrivons : que de choses nouvelles à dire aux hommes!

> Sans doute les bons habitans
> De cette singulière ville,
> Au sein de leur modeste asile,
> Loin de la terre et des méchans,
> Jouissent d'un bonheur tranquille.
> Nous y chercherons dès savans
> Qui soient instruits par la Nature,
> Des auteurs dont l'âme soit pure
> Comme celle des vrais amans,
> Dont ils font l'aimable peinture
> Dans leurs vers et dans leurs romans;
> Et, si dans la foule des belles,
> Il est quelques femmes fidèles
> Aux époux qu'elles ont choisis,
> Je les offrirai pour modèles
> Aux jeunes beautés de Paris.
> Heureux si, dans leur douce ivresse,
> Ces beautés devenaient un jour
> Aussi fidèles à l'amour
> Que vous l'êtes à la sagesse!

Cependant mon jeune ami dirigeait ses

pas du côté de la ville; mais, par un charme
singulier, elle disparaissait à mesure que nous
en approchions : tantôt une tour s'écroulait,
tantôt un temple, un obélisque, un clocher, si bien que tout à coup, nous nous
trouvâmes devant une masse horrible de
rochers. Un vieil ermite était immobile à
leur cime; peut-être pensait-il aux illusions
de l'existence. O jeux si doux du premier
âge, enchantemens de l'adolescence! vous
m'aviez promis des amis constans, des
amours fidèles, un monde plein de vertu et
de bonheur!..... je me suis approché de la
montagne, et par degrés ce monde a disparu.

 . Occupé de ces idées, nous quittâmes bientôt ces lieux, et tout en philosophant nous
arrivâmes auprès des ruines d'un château
gothique : ce château, s'il faut en croire
une vieille chronique, est celui du troubadour Rudel, dont il nous reste quelques
chansons pleines de grâce et de sentiment.
Le récit de ses aventures merveilleuses
charme souvent les veillées des villageois,

qui ont même conservé quelques-unes de
ses romances. Rudel était dans ce château
lorsque des pèlerins qui arrivaient de Pa-
lestine lui firent un portrait si ravissant de
la comtesse de Tripoli, que son cœur doucement ému se laissa prendre à leurs éloges :
toutes ses pensées se tournèrent vers cette
femme, qui laissait de si profonds souvenirs.
Un jour, entraîné par son destin, il prend
la croix, se couvre du sac de la pénitence,
arrive aux bords de la mer et s'embarque.
C'est là, c'est pendant les heures d'une
longue traversée, qu'il se livre à tous les
rêves de son imagination. Assis sur le tillac,
environné de l'équipage qui l'écoute avec
surprise, la lyre s'anime sous ses doigts, il
chante celle qu'il va chercher parmi les barbares ; il la chante, et les matelots paraissent
sensibles à ses accens :

> J'aime, et je n'ai point encor vu
> L'objet charmant que célèbre ma lyre,
> Beaux pèlerins qui vantiez sa vertu,
> Son doux regarder, son bien dire,

Hélas! jugez de mon martyre,
J'aime, et je n'ai point encor vu!

Dans mon sommeil, par l'amour embelli,
Il me semble la voir sensible à mes transports;
Combien la nuit alors me fait aimer la vie!
    Que je serais digne d'envie
    Si je veillais comme je dors!

    La croix, le bourdon à la main,
    J'irai chanter sous sa fenêtre:
    L'amour a plus d'un doux refrain;
    Elle les entendra peut-être,
    Et sous l'habit du pèlerin
    L'amant se fera reconnaître.
O joyeux matelots! tournez à l'orient,
    Frappez, frappez l'onde écumante;
Le vent est favorable et le ciel est riant;
    Franchissez l'espace effrayant
    Qui me dérobe mon amante.
Eh quoi! n'êtes-vous plus sensibles à mon sort?
Vous ne gémissez pas d'être séparés d'elle?
O mes amis! déjà nous aurions vu le port
    Si vous saviez comme elle est belle!

En disant ces mots le troubadour tournait
sur les matelots ses yeux baignés de larmes,
et sa tristesse s'augmentant encore, il s'écria:

Oui, je dois l'avouer, je redoute la mort;
Peut-être sur ma tête est-elle suspendue;

Elle peut me fermer le port,
La ravir pour jamais à mon âme éperdue :
Mourir avant de l'avoir vue
Est pour moi le plus triste sort.
Douce beauté ! mes vers iraient alors t'apprendre
Combien Rudel a su t'aimer ;
Tu viendrais pleurer sur ma cendre,
Mais ne pourrais la ranimer [1].

Il semble par cette dernière pensée que l'infortuné Rudel prévoyait sa destinée. Au moment de toucher au rivage, un mal subit l'accabla. Ses compagnons le croyant mort le déposèrent dans une maison voisine du port, et firent à la belle comtesse le récit de tout ce qui s'était passé. Émue d'une douce pitié, sensible peut-être à une preuve si étrange d'amour, la comtesse accourut auprès du pélerin ; il respirait encore : elle pose la main sur son cœur, le console, l'*embrasse*, l'encourage, mais en vain : il la voit, et meurt *entre ses bras*, *louant Dieu*, et le remerciant de lui avoir accordé

[1] Ces vers sont une traduction libre de la romance originale de Rudel. Cette romance est rapportée dans les manuscrits de Saint-Palaye ; et dans Millot, *Hist. des Troub.*

le seul bien qu'il désirait, la *vue de sa dame.*

Son amante, disent les historiens, lui fit faire un convoi magnifique; et, soit que Rudel l'eût attendrie, soit qu'un sentiment de dévotion eût éclairé son âme, dès le même jour elle se renferma dans un cloître dont les fenêtres donnaient sur les bords de la mer, et d'où elle pouvait contempler les flots qui lui avaient apporté son amant.

Tel fut le sort déplorable de Rudel, prince de Blaye et troubadour : tel était l'amour au bon vieux temps. Vous pensez bien que ces aventures nous occupèrent le reste de la route. Aussi, les prés, les bois, les bords du Rhône émaillés de fleurs, quelques hameaux sur le penchant des collines, voilà tout ce que nous vîmes jusqu'à la Balme, où nous arrivâmes le soir. Mais pour ne pas vous fatiguer de détails inutiles, imaginez-vous nous voir le lendemain, armés de flambeaux et cheminant avec nos guides du côté de la célèbre grotte.

Nous arrivons.... Je l'ai vue, Sophie : c'était l'ouvrage des fées, ou plutôt celui de la Nature.

Dans le flanc d'un rocher dont le front sourcilleux
Couvert d'épais buissons s'élève jusqu'aux cieux,
L'œil étonné découvre une large ouverture
Qu'ont taillée avec art les mains de la Nature;
Le lierre qui serpente en verdoyans rameaux,
Étend de tous côtés ses festons inégaux;
Une croix, près de là, sur un tertre placée,
De pieux souvenirs entretient la pensée,
Et dans l'âme jetant une sainte terreur,
La ramène un moment devant son Créateur.
Plus loin un peuplier que le zéphyr balance,
Mesure la hauteur de cette voûte immense,
Et des oiseaux cachés sous son feuillage vert
Le doux gazouillement charme l'écho désert :
Plus loin en avançant dans la grotte profonde,
D'un rapide torrent on entend mugir l'onde;
De rochers en rochers, de détours en détours,
Il roule, et dans le fleuve il va finir son cours :
Mais au-dessus des flots, où sa base est assise,
Sous la voûte s'élève une modeste église;
Là, des hameaux voisins, en un jour solennel,
Le peuple vient en foule adorer l'Éternel :
Quel spectacle touchant! quelle cérémonie!
Des cantiques pieux la rustique harmonie,
Le bruit de la prière et le bruit du torrent,
Du ministre sacré le saint recueillement,
L'encens qui sur l'autel s'élevant en nuages,

Emportait dans les cieux les vœux et les hommages,
Tout à mon âme émue, où naissait la ferveur,
Du Dieu de l'univers annonçait la grandeur ;
Et, saisi de respect, et d'amour et de crainte,
J'adorai ses bienfaits et sa majesté sainte.

Vous devinez bien que nous avions choisi
le jour de la fête du village. Bientôt, quittant
la foule, nous suivîmes le torrent ; il nous
fallut gravir au milieu des décombres qu'il
entraîne sans cesse avec lui. Les masses de
rochers suspendues à de grandes hauteurs,
les excavations profondes, donnent à cette
coupole un air à la fois imposant et sauvage ;
enfin la voûte s'abaisse et se divise en deux
branches : nos guides prirent celle de la
gauche.

Bientôt nous découvrîmes une fontaine
dont les eaux coulent dans une multitude
de petits bassins disposés en amphithéâtre ;
c'est ici le chef-d'œuvre de la grotte et de
la Nature : la forme de ces bassins est ovale,
et leur grandeur diminue à mesure qu'ils
s'élèvent ; leur blancheur est éblouissante :

on les dirait semés de paillettes d'argent; et
comme ils forment une pyramide régulière,
mille petites nappes d'eau tombent à la fois
de tous ces bassins, et présentent un spectacle enchanteur. C'est là sans doute le bain
des nymphes et des fées de cette grotte :
elles ne pouvaient choisir une onde plus limpide et plus fraîche, ni une fontaine d'un
travail plus merveilleux.

On passe de là dans plusieurs grandes
salles en forme de rotondes; les murs en
sont recouverts d'un enduit qui a tout l'éclat
du diamant : il semble que la main d'un artiste habile ait pris plaisir à les orner de
franges, de ciselures, de festons d'un éclat
merveilleux : les palais des rois n'ont rien
de plus magnifique. En avançant encore on
est arrêté par des fosses assez profondes; le
passage est difficile et dangereux, c'est le
Poulsera [1] qui conduit en Paradis. Imaginez

---

[1] Le *Poulsera* est un pont très-étroit, sur lequel les
Orientaux pensent qu'au jour du jugement se fera la
séparation des bons et des méchans.

quelle fut notre surprise quand nous nous
trouvâmes tout à coup sur les bords d'un lac!
La majesté des lieux, les grandes ombres
de nos guides qui nous attendaient dans le
lointain, et dont les flambeaux traçaient sur
les eaux de longs sillons de lumière; nos
voix qui retentissaient sous la voûte, les
mystères que semblaient annoncer ce lac;
tout contribuait à jeter dans notre âme une
profonde émotion : je me crus transporté
sur les bords de l'Achéron. Caron nous
attendait. En le voyant, je ne pus retenir
un soupir.

> Si, pour traverser l'Achéron,
> Batelière jeune et jolie
> Se présentait au lieu de l'horrible Caron,
> Avec bien moins de peine on quitterait la vie.

Le lac nous parut d'abord avoir peu de
profondeur; bientôt la rame n'en atteignit
plus le fond [1]; l'on entendait à peine le
bruit des flots; l'air était pur et tranquille:

---

[1] Il y a jusqu'à douze pieds d'eau.

Ce repos éternel, ce silence imposant,
La barque qui voguait sous cette voûte sombre;
Le feu de nos flambeaux qui se perdait dans l'ombre;
Tout pénétrait nos cœurs d'un profond sentiment.
Debout sur le bateau, les yeux fixés sur l'onde,
Où se réfléchissaient de longs sillons de feu,
J'oubliais tout à coup les mortels et le monde;
Je faisais à la terre un éternel adieu:
    Il me semblait abandonner la vie:
Déjà je contemplais cet auguste séjour
Où l'homme est immortel, où son âme ravie
Goûte paisiblement les charmes de l'amour;
        Où nous retrouverons un jour
L'ami que nous pleurons et l'amante chérie
Que notre cœur brisé crut perdre sans retour.
Mes pensées s'élevaient; du milieu de l'abîme
        J'osai m'élancer dans les cieux;
        Et, prenant un essor sublime,
Je me crus un moment dans le séjour des dieux.

Il y avait à peu près une demi-heure que nous étions dans la fatale barque; le bruit sourd des vagues semblait augmenter, quand tout à coup nous nous trouvâmes sous une vaste rotonde qui termine le lac. Là, toutes les illusions disparurent pour faire place à l'admiration. Cette salle magnifique nous paraissait un temple que la Nature avait élevé elle-même à son Créateur, et nous

la fîmes retentir du chant d'une ode du
grand Rousseau.

Pendant notre retour nous nous entre-
tînmes des récits épouvantables de ces deux
criminels que François Ier avait fait embar-
quer sur ce lac; nous célébrâmes ensuite le
voyage de M. Bourrit : cet homme coura-
geux avait osé se jeter à la nage au milieu
de ces eaux immobiles. La crainte de s'éga-
rer, celle d'un gouffre ou d'un courant, les
ténèbres effrayantes, les prières de ses
guides, rien n'avait pu l'arrêter. A l'aide de
quelques bougies disposées sur une échelle,
il avait parcouru tous les détours de cette
grotte, et ouvert le chemin aux voyageurs à
venir [1]. En nous entretenant ainsi, nous
arrivâmes sur les bords du lac. Cette navi-
gation douce et tranquille est restée dans
mon souvenir, comme les illusions d'un rêve
agréable.

[1] C'est depuis ce temps qu'on y tient un bateau. Ce
M. Bourrit est fils du célèbre peintre des Alpes. *Voyez*
les notes.

Il fallut visiter encore la partie de la grotte que nous avions laissée à notre droite. Des chauve-souris et quelques stalactites, voilà tout ce qu'elle contient. On nous fit ensuite gravir dans un labyrinthe de galeries jusqu'au sommet de la voûte du vestibule. Nous étions à plus de cent pieds au-dessus du torrent, debout sur des rochers qui semblent préts à s'écrouler. C'est là qu'un spectacle étonnant attend le voyageur. A droite, il voit les noirs enfoncemens des souterrains; à gauche, à travers l'ouverture de la grotte, un paysage délicieux, un fleuve superbe, et des scènes champêtres qui paraissent comme encadrées dans le vaste portique de la grotte.

Ici finit notre voyage.
J'aurais pu, sur notre retour,
Vous griffonner plus d'une page,
Peindre les fêtes du village,
Et les bergères de votre âge
Allant, sur le déclin du jour,
Danser à l'ombre du feuillage;
Imitant les galans auteurs

De maint renommé badinage,
J'aurais pu de cent traits railleurs
Égayer ce trop faible ouvrage,
Et charmer le Français volage
Par des récits de voyageurs ;
Mais je dois être plus sincère,
Puisque je parle à la beauté :
En vous disant la vérité,
Ne suis-je pas sûr de vous plaire?
Jadis Pythagore et Platon
Parcouraient la Grèce et l'Asie :
Vous connaissez leur fantaisie ;
Ils allaient chercher la raison,
Moi, je n'aime que la folie.

Je sais qu'on donne peu de prix
Aux vers d'une muse frivole ;
Le temps qui nous berce et s'envole,
Emporte les légers écrits.
Mais l'espérance m'est fidèle.
J'ai lu dans l'histoire immortelle
Des galans auteurs de Paris,
Que pour charmer tous les esprits,
Il suffit d'une bagatelle.

Ah! pour embellir mes momens,
Je ne veux que votre suffrage :
On croira tous mes vers charmans,
Si vous accueillez mon ouvrage.
Oubliant mon faible talent,
Vous me serez donc favorable :
Ainsi l'esprit le plus aimable
Deviendra le plus indulgent.

LETTRE XLIV.

DE LA NATURE DE L'EAU.

Ah ! si jamais sur les rivages sombres
Un Dieu me. guide et soutient mes accens,
    Si des accords les plus touchans
    Je peux un jour charmer les ombres,
Vous m'entendrez alors, habitans des enfers
Redemander, au son d'une douce harmonie·
    Ce grand, cet immortel génie
Qui créait à son gré les élémens divers,
    Et qui, frappé par sa patrie,
    Fut regretté de l'univers.

Mais en vain un mortel ose du sombre empire
    Implorer la Divinité,
Elles ne s'ouvrent plus aux accords de la lyre
Les portes de l'enfer et de l'éternité !
Eh bien ! j'irai m'asseoir sur le tombeau du sage;
Aux œuvres du savant, là je veux rendre hommage:
N'est-ce pas proclamer son immortalité,
    Que de proclamer son ouvrage?

Préparez-vous donc, Sophie, à entendre
des choses merveilleuses, je vais parler de
Lavoisier.

Un sage a dit quelque part que les savans, en présence de la Nature, sont semblables à des aveugles devant un tableau. C'est surtout en traitant des élémens de l'air et de l'eau que le chimiste peut s'appliquer cette comparaison. N'est-il pas, en effet, comme aveugle devant ces gaz qui échappent aux meilleurs yeux? Cependant il les a soumis à ses expériences; il les a pesés, mesurés, transvasés; il a su les arracher des substances qui les contenaient et les combiner avec d'autres substances. On admirait jadis l'aveugle Sauderson, qui, malgré sa cécité, donnait publiquement des leçons d'optique: mais le physicien opère des prodiges plus extraordinaires, car la lumière suit une marche géométrique, et l'on peut représenter ses rayons par des lignes, tandis que les gaz échappent à presque tous les sens.

Ah! Sophie, qu'il est admirable celui qui créa une semblable science!

De cette terre où tu fus malheureux,
Mais où ta gloire est éternelle,

De ce séjour d'où ton âme immortelle
En gémissant s'élança dans les cieux,

Je te salue, ô sublime génie !
Toi qui de la Nature éclairas les sentiers,
Et qui, laissant l'exemple de ta vie,
Montas sur l'échafaud le front ceint de lauriers.

Va, les tyrans n'ont pu te dérober ta gloire.
Quand le fer, de ta vie eut terminé le cours,
Tu fus te consoler au temple de mémoire
De la perte de tes beaux jours.

Lorsque le temps, dans sa marche pressée,
Aura vieilli les élémens divers,
Tu régneras encor sur ce vaste univers
Par la force de ta pensée.

Grâce à ce héros des savans, je veux aujourd'hui doubler votre puissance; vous
allez créer un élément, le composer et le
décomposer à votre gré.

Je vous ai déjà parlé de plusieurs gaz,
agens invisibles de la Nature et de la création; en voici un nouveau non moins extraordinaire : on le nomme *hydrogène*, parce
qu'il est une des parties constituantes de

l'eau; et ce qu'il a de remarquable, c'est qu'il est éminemment inflammable.

Son caractère principal est de former l'eau avec le gaz oxygène, quand on opère leur combustion. Vous n'apprendrez peut-être pas sans surprise que c'est l'hydrogène qui s'élève souvent des tombeaux, des fontaines ardentes, et du fond des marais, sous la forme de longues flammes bleues ou rouges : voilà

L'origine des maléfices
Qui régnaient dans le bon vieux temps,
Des feux follets , des revenans,
Et des contes de nos nourrices.

Ainsi l'eau est composée d'un fluide inflammable, et d'un fluide qui aide à brûler. Étonnant mystère de la création! découverte surprenante du génie de l'homme!

Voici l'œuvre de Lavoisier, après différens essais:

Il prit un canon de porcelaine dans lequel il mit de la limaille de fer, l'exposa au feu, et y fit passer de l'eau réduite en va-

peur; alors l'eau se décomposa, c'est-à-dire
que son oxygène ayant plus d'attraction pour
le fer que pour l'hydrogène, il se combina
avec la limaille, et que l'hydrogène, laissé
à nu, passa dans un bocal de verre. Ce qu'il
y a de plus admirable, c'est que l'augmentation du poids du fer, plus le poids du gaz
hydrogène, forment précisément le poids
de l'eau employée.

Lavoisier tenait dans ses mains les élémens de l'eau; son génie l'inspirait, et il
allait recomposer ce fluide qu'il venait de
décomposer. L'Europe entière le contem-
plait. Il dit : unissons ensemble, dans un
globe de cristal, deux parties de gaz hydrogène, et une d'oxygène; enflammons-les par
l'étincelle électrique : alors il fut témoin
d'une combustion rapide, et il retrouva en
eau pure le poids juste des deux gaz qu'il
avait enflammés.

Il faut prendre garde que si l'on enflam-
mait tout à coup une grande quantité de
ces deux gaz, il y aurait une détonnation

terrible, et le globe de verre éclaterait comme une bombe.

Qui pourrait jamais se former une idée de l'épouvantable fracas qui se fit le jour de la création, lorsque l'Éternel, unissant ensemble l'oxygène et l'hydrogène de l'espace, forma d'un seul coup de foudre toutes les eaux de l'Océan, de la terre et des cieux?

Vous devez bien penser que Lavoisier eut des combats à livrer; mais ses raisonnemens avaient la force de la lance d'Astolphe, qui mettait hors de combat tous ceux qu'elle touchait.

> Et tout prêt à combattre encor,
> Il restait tout seul dans l'arène :
> La fortune en ses mains mettait un rameau d'or,
> La gloire, une branche de chêne.

Quelque surprenantes que soient les découvertes de Lavoisier, on ne peut les nier, puisqu'elles sont appuyées sur des expériences. Cépendant ses découvertes n'ont servi qu'à rendre certaines opérations de la Nature plus inexplicables. Les savans se

demandent en vain comment l'eau peut être
composée d'un fluide inflammable et d'un
fluide qui aide à brûler? Comment ce fluide,
qui est visible, est composé de deux élémens invisibles? et comment il peut rafraîchir nos sens, lorsqu'il cache le feu le plus
violent? Ces phénomènes, pour être les
résultats des lois de l'attraction, n'en res-
tent pas moins inexplicables.

. Mais si la Nature nous empêche de pénétrer dans ses secrets intéressans, elle nous
a révélé ses bienfaits les plus admirables, et
nous a permis d'entrevoir quelques-unes de
ses grandes harmonies.

Des deux élémens de l'eau, l'un est
propre à être respiré par toutes les créatures, l'autre ne peut servir à soutenir leur
vie; mais il alimente les végétaux, et c'est
ce gaz qui forme une partie de la substance
des fleurs, et qui, par un phénomène in-
concevable, devient visible en se transfor-
mant en oranger, en chêne, en cèdre, en
baobab.

Les végétaux ont donc la propriété d'opérer la décomposition de l'eau, de se nourrir du gaz inutile aux créatures, et de laisser aller dans l'atmosphère un gaz bienfaisant qui porte la vie dans le sein de l'homme.

C'est ainsi que ce riant tapis où la bergère cueille ses bouquets; que ces gazons fleuris, ces bocages enchanteurs où une jeunesse folâtre forme des danses aux accords de la flûte, servent à purifier une atmosphère que la respiration de tant de créatures aurait bientôt rendue mortelle. Les mesures d'air nouveau ont été proportionnées à la quantité d'air devenue non respirable; les gazons et les arbres n'en fournissent qu'autant qu'il est nécessaire au bien du genre humain. Et l'on ne croirait pas à la puissance qui prévoit, qui mesure et qui crée!

Les animaux se meuvent et courent chercher leur nourriture : la plante immobile est placée au milieu de la sienne; ses branches s'étendent de tous côtés, et ses feuilles nombreuses sont autant de bouches qui s'empa-

rent de l'air et de l'eau qui les environnent.
Que si l'on observe que le règne végétal est
le seul fondement de la vie des animaux,
qui sont à leur tour dévorés par l'homme,
la surprise redouble : il semble que les
prairies, les bois, les animaux, nous-mêmes
enfin, nous ne soyons qu'un peu d'air,
un souffle que l'Éternel dissipe à volonté.
Grande et effrayante pensée, qui nous
montre en même temps notre fragilité et la
puissance du Créateur !

Ainsi, ce que l'homme admire le plus,
ces ombrages frais, ces vallons fleuris, ne
diffèrent presque de notre atmosphère que
par la forme ; ce qui fait les délices de nos
tables, n'est qu'un peu d'air transformé en
orange, en pêche, en ananas; mais ce serait en vain que nous essaierions de nous
nourrir de carbone, d'hydrogène, d'azote,
il faut que ces gaz aient passé dans un végétal, pour qu'ils soient propres à soutenir
notre existence. La végétation est donc le
moyen employé par la Nature pour offrir à

l'homme une petite portion d'air sous les formes les plus agréables; et il a fallu un aussi éclatant miracle pour assurer la fécondité de la terre et la durée des mondes.

J'espère que vous ne me saurez point mauvais gré de vous avoir parlé une seconde fois de cette loi merveilleuse. Je reviens à mon sujet.

L'air inflammable ou l'hydrogène joue un grand rôle dans les phénomènes de la Nature. Sa légèreté extraordinaire le faisant tendre au ciel, il donne de ces hautes régions les spectacles les plus brillans et les plus terribles; lorsqu'une étincelle électrique vient à l'allumer, il produit, disent quelques physiciens, les pluies d'orage [1], les météores lumineux, les étoiles tombantes, les globes de feu, et même la foudre.

[1] On conçoit facilement qu'il s'unit alors avec l'oxygène de l'atmosphère, et qu'il forme de l'eau. Cette manière d'expliquer les pluies d'orage me paraît très-naturelle.

Cependant M. Gay-Lussac, ayant soumis à l'analise, de l'air pris à 1700 toises d'élévation, a prouvé qu'il existait peu d'hydrogène dans les couches supérieures de l'atmosphère. Il paraît d'ailleurs, par des expériences de Dalton, que les gaz les plus différens en pesanteur spécifique, se mêlent, se confondent rapidement dans l'atmosphère. Voilà bien des contradictions; mais là science humaine n'est pas autre chose; elle attend toujours la vérité, mais elle l'attend en combattant.

N'allez pas croire cependant que la découverte de ces phénomènes soit restée inutile : comme au moyen de quelques préparations, ce gaz brûle en jetant une flamme brillante, on l'emploie aujourd'hui, en guise de lampes et de flambeau, et il éclaire déjà des villes entières.

Mettez un vase d'eau entre les mains d'un physicien, et il trouvera là-dedans des illuminations magnifiques.

Il semble même que la Nature prenne

plaisir à encourager nos découvertes, car elle a placé dans quelques contrées des sources d'hydrogène carboné, à peu près comme elle a placé sur les montagnes les sources des fleuves.

Les physiciens ont observé plusieurs de ces fontaines inflammables aux environs de Florence et de Londres, et je ne doute pas que bientôt on ne construise des canaux, on n'élève des aquéducs pour apporter dans les cités tous ces gaz invisibles. Alors, on aura des sources naturelles de lumière; et pour éclairer un salon, pour illuminer une ville, il suffira de tourner un robinet.

Il serait même possible, dans les jours de grandes réjouissances, d'enflammer toutes ces fontaines, et de faire couler des torrens de lumière, et des fleuves de feu qu'on pourrait ensuite arrêter à volonté.

Nos feux d'artifices ne sont qu'obscurité auprès de ceux que la science nous prépare, et dont la Nature doit faire tous les frais.

Le gaz hydrogène est déjà l'origine de

tant de merveilles, que vous pourrez facilement croire à celles-là.

Déjà, par son moyen, l'aéronaute s'élève triomphant dans les airs; et planant comme l'aigle au-dessus des orages, il prend possession de ce nouveau monde au nom de l'homme et de Montgolfier. Ainsi s'élance tout-à-coup le brave Pilâtre de Rosier.

Déjà le clocher du hameau
Décroît et blanchit dans la nue,
Et déjà le fleuve à sa vue
Paraît comme un faible ruisseau.
Il voit l'homme, dans l'étendue,
Triste jouet des passions,
Et de ses agitations
La cause lui reste inconnue.
Hélas! en quittant ce séjour,
Il voit les héros de la terre,
Il entend les cris de la guerre,
Le bruit du fifre et du tambour.
Mais il s'élève, et le silence
Succède à ces cris belliqueux;
Sous ses pieds un espace immense
Cache les mortels orgueilleux.
Hélas! quelle est notre folie!
Pourquoi haïr dans une vie
Où les hommes, dès le berceau,

Objets de douleur et d'envie,
Marchent tous ensemble au tombeau?

Ne craignez pas cependant que notre aéronaute s'élève jusqu'à la lune; bientôt son ballon, en équilibre avec l'air devenu plus rare, cessera de monter. Mais que de belles choses il pourrait nous dire, si, quelque jour s'élançant hors de la sphère d'attraction de la terre, il allait tomber dans la lune ! Que d'agréables descriptions il nous donnerait de ces montagnes, de ces vallons, de ces volcans, de ces cavernes que nos savans ont vus au bout de leurs lunettes ! O joyeux Astolphe ! combien depuis ton voyage, il s'est fait de changement dans cet empire ! Notre aéronaute y retrouverait le bon sens de nos merveilleux, de nos coquettes, de nos artistes, de nos grands hommes; pour moi,

J'ai tant de goût pour la folie,
Que, si ce voyageur m'apportait mon flacon,
J'irais, ô mon aimable amie !
Auprès de vous perdre encor ma raison.

On peut espérer qu'un jour l'art des
ballons se perfectionnera assez pour que
l'aéronaute, élevé à une grande hauteur,
jette son ancre et reste immobile au-dessus
de la terre, emportée dans l'espace; alors
le monde roulera en quelques heures sous
ses pieds, le grand tableau de l'univers sera
devant lui, et la terre fera tous les frais de
la route.

Adieu, Sophie; si tout ceci vous inspire
le goût des voyages, choisissez-moi pour
votre chevalier : le bonheur d'être auprès
de vous sera ma plus douce récompense.

Ah ! le jour du départ serait un jour d'ivresse !
  En me voyant, chacun dirait :
  Accompagné de la sagesse,
  Télémaque ainsi voyageait.

  Chevalier loyal et fidèle,
 Mais plus heureux qu'Amadis et Dunois,
Je n'aurai pas besoin de combattre une fois
  Pour qu'on vous trouve la plus belle.

P. S. Je veux demain, par les aventures
du chevalier du Cygne, vous apprendre ce
que les anciens ont connu sur les ballons.

LETTRE XLV.

HÉLIE ET BÉATRIX, OU CONNAISSANCES DES ANCIENS SUR LES BALLONS.

Voici le récit d'une aventure du bon vieux temps : vous y verrez que l'amour s'est quelquefois servi de la science pour parvenir à ses fins, et que le merveilleux répandu dans les romans de chevalerie pourrait bien avoir son origine dans la vérité.

Dans ces heureux temps où les esprits célestes veillaient sur les hommes et mêlaient les merveilles de la magie aux actions éclatantes des héros, sous le règne de Justinien second, Théodoric, seigneur de Clèves, voyait sans regret s'avancer la vieillesse entre une épouse et une fille chérie. La jeune Béatrix aussi était heureuse. Eh !

comment ne le serait-on pas dans l'âge de l'innocence et sous le toit paternel ?

Heureux qui chaque soir s'endort près d'une mère,
Qui la retrouve encor dans un songe enchanteur,
Et qui tous les matins sent palpiter son cœur
　　En s'éveillant sur le sein de son père !

Ah ! pourquoi la Nature barbare nous a-t-elle condamnés en naissant, à répandre des pleurs sur des cendres aussi chères ? Ainsi donc, l'homme destiné au sort le plus heureux est toujours sûr de verser des larmes.

Bientôt Théodoric et son épouse descendirent dans la tombe, et Béatrix resta seule pour pleurer.

Hélas ! pauvres mortels, à peine sur la terre,
On nous parle déjà de cette loi du sort
　　Qui doit nous rendre à la poussière ;
　　Et le premier spectacle de la mort
Ne nous est présenté qu'au prix de notre père.

　　Oui, l'homme est né pour la douleur.
Eh ! qui peut de la vie oser vanter les charmes ?
Le jour où l'Éternel nous fit présent d'un cœur,
　　Il remplissait nos yeux de larmes.

Cependant, à la nouvelle de la mort de Théodoric, les princes ses voisins s'assemblèrent; et, voyant la jeune Béatrix isolée et sans appui, ils résolurent de lui enlever ses états et de se les partager. Béatrix, redoutant leur approche, s'était retirée dans un vieux château, près de Nimègue, et là elle ne cessait d'implorer les secours du ciel, et de lui demander un libérateur.

Une nuit elle vit en songe un de ces preux chevaliers qui remplissaient alors le monde de leur gloire; il descendait majestueusement de la voûte azurée : beau comme le jour, il semblait être un ange, et quitter sa patrie céleste.

Cette merveilleuse vision rendit l'espérance à la princesse, et ses jours étaient plus tranquilles.

Un matin, *triste et dolente*, elle était assise près d'une fenêtre qui donnait sur le Rhin, ses regards se promenaient avec délices sur les belles campagnes de Newbourg; tout à coup elle voit un navire voguant dans

les airs; ses voiles étendues s'enflaient au
souffle du zéphyr; émerveillée d'un spectacle aussi extraordinaire, elle descend à la
hâte : le navire aérien s'approche et aborde
doucement au pied du château. « Sur le
« tillac paraît un jeune chevalier, l'armet en
« tête ombragé de lambrequins et panache
« de quatre couleurs, ayant pour cimier
« un cygne blanc, et tenant en son bras un
« large écu en gueules, et en sa main droite
« une épée d'or. »

Il s'élance hors du navire, met un genoux
en terre devant Béatrix, et lui dit :

« Dieu et tous les esprits qu'il a répandus
« dans l'air sont pour vous. Calmez vos
« craintes; je suis Hélie, chevalier du Cy-
« gne; j'ai pour père un de ces génies à qui
« le Très-Haut a donné une partie de sa
« puissance. J'habitais avec lui le pays de
« Gréal, semblable au paradis[1]; mais, tou-

----

[1] Contrée fabuleuse, dans laquelle on n'entrait que
par *hasard et fortune. Voyez* Favin, *Théâtre d'honneur*, etc.

« ché de vos malheurs et épris de vos attraits,
« j'ai voulu prendre votre défense. Ordonnez,
« et cette épée va disperser vos ennemis. »

Le héros garda le silence; mais s'apercevant que l'étonnement empêchait la princesse de lui répondre, pour lui donner le temps de se remettre, il tira des tablettes de son sein, et les lui présenta après y avoir écrit ce qui suit :

« Non, je n'ai pas quitté le séjour immortel;
  « Mon cœur l'éprouve en chantant vos louanges :
    « Je dois me croire encore au ciel,
    » Puisque je vois un de ses anges. »

Un chevalier qui vient du ciel, un songe accompli, un madrigal, en faut-il tant pour séduire la beauté ? Béatrix, un peu revenue de son étonnement, balbutia quelques mots, et donna sa main à baiser à Hélie, comme pour le déclarer *son homme lige*.

Ravi de cette faveur, le chevalier du Cygne ne voulut pas attendre un seul moment pour mériter davantage; il s'élance sur un

coursier, vole chercher les ennemis de la
princesse, et jure de ne revenir qu'après les
avoir vaincus. C'était ainsi qu'on prouvait
son amour, au bon vieux temps.

Cependant les princes s'avançaient avec
une armée formidable, et le chevalier était
seul, sans crainte, mais non pas sans espérance. L'amour le protégeait, l'amour se
rit du danger. Arrivé au milieu des ennemis, il les menace de la colère céleste, et
traçant une ligne avec son épée, il leur pré-
dit la mort s'ils osent passer au delà. Pour
toute réponse, les princes marchent à lui.
Alors on voit le ciel se remplir de prodiges : trois dragons effroyables paraissent
dans les airs en vomissant des torrens de
flammes. Leurs gueules sont immenses, leurs
queues se déroulent avec fracas; ils portent
ces mots écrits sur un drapeau, *la vengeance du Ciel va tomber sur vous.* A cet
aspect merveilleux l'armée s'épouvante et
fuit, les chefs eux-mêmes se prosternent
avec frayeur, tandis qu'Hélie s'élève majes-

tueusement sur son char aérien, et voit à ses
pieds les ennemis que son art a vaincus. Ces
dragons enflammés qui volent avec la vitesse du vent, ce génie planant dans le ciel,
une épée d'or à la main, ces mots écrits en
lettres de feu, le bruit horrible des flammes [1], tout semble avertir les coupables que
le ciel protége la princesse de Clèves, et la
paix est rendue à ses états.

Bientôt elle revit son chevalier triomphant au milieu des airs; l'amour et l'hy-
men l'attendaient pour le récompenser.
Béatrix le conduisit à l'autel, et Dieu en-
tendit leurs sermens. Heureux Hélie!

Elle a quinze ans, elle a son innocence ;
L'amour dans ses beaux yeux cherche à se déguiser ;
    Sa candeur promet la constance,
Et l'on voit sur sa bouche éclore le baiser.

Déjà plusieurs mois s'étaient écoulés dans
le bonheur, lorsqu'un matin Hélie dit à
son épouse : « Cette nuit les génies m'ont

[1] *Voyez* les notes.

« visité; j'ai vu mon père dans un songe,
« triste et rêveur il appelait son fils. Je vais
« partir, ô mon épouse chérie! mais, si
« pendant mon absence quelques dangers
« vous menaçaient, voici une colombe, œu-
« vre de l'art magique[1], enflammez le ru-
« ban qui forme un nœud sous son aile, et
« livrez-la au zéphyr lorsqu'il soufflera à
« l'orient. » A ces mots Hélie s'éleva sur son
char aérien, et disparut dans l'immensité des
cieux.

Ainsi Béatrix fut encore condamnée aux
larmes. Appuyée sur la fenêtre d'où, pour
la première fois, elle avait découvert Hélie,
elle le cherchait sans cesse comme pour hâter
son retour.

Souvent, dans le silence de la nuit, elle
entendait la marche lointaine du voyageur.

---

[1] Colombe du philosophe Archilas, dont il est parlé
dans Aulu-Gelle, *Noctium atticarum*, Lib. x, cap. xii;
Cardan, *Variarum rerum*, Lib. xii, cap. l; et Horat,
Lib. i, od. 23, od. 4. *Voyez* aussi *les Secrets de Wecker*,
Liv. iii, et Scaliger, *de Subtilitate ad Cardanum*, *exer-
cit.* 326.

Quelquefois elle prêtait l'oreille aux romances des troubadours qui passaient sous
les murs du château.

> Le lointain murmure des flots,
> La lune qui, dans sa carrière,
> Traçait un sillon de lumière
> Sur le sein tranquille des eaux ;
> Ce long, cet imposant silence,
> Ce triste et pâle demi-jour,
> Le doux refrain de la romance
> Que répétait le troubadour ;
> Toüt faisait rêver l'innocence ;
> Hélas ! et dans son ignorance
> Elle osait invoquer l'Amour,
> Ce dieu si fier de sa puissance,
> Qui vient allumer nos désirs,
> Qui promet les plus doux plaisirs
> Et ne donne que l'espérance.

Dix jours se passèrent, et Hélie ne reve-
nait pas. Vingt fois Béatrix avait posé sur
sa fenêtre la colombe magique et immobile,
et vingt fois elle n'avait osé enflammer le
ruban mystérieux. Enfin elle ne put y résis-
ter plus long-temps ; un matin le vent souf-
flait à l'orient ; elle prend un flambeau, le
ruban se consume ; et soudain, comme si ce

feu eût été celui de Prométhée, la colombe
s'anime, pousse un doux gémissement, s'é-
chappe des mains de Béatrix, et disparaît
dans les airs.

Je ne peindrai pas l'étonnement de la
princesse et encore moins sa joie, lorsque
l'aurore suivante elle vit accourir le chevalier du Cygne. Où sont vos ennemis? s'é-
cria-t-il. — Vous les avez vaincus, répondit
la princesse; mais vous m'avez dit d'en-
voyer la colombe, si quelques dangers me
menaçaient : ah! Hélie; un jour encore
d'absence, et Béatrix n'était plus [1].

Adieu, Sophie. Toutes ces merveilles doivent vous convaincre que la science n'est
pas toujours abstraite et sévère, et qu'elle se
déride souvent pour badiner avec les faibles mortels.

Déjà cent fois de nos savans docteurs
J'ai célébré les pompeuses merveilles,

[1] Théodose donna à Hélie et à son épouse l'investiture
de la principauté de Clèves : c'est à ce chevalier que la
maison de Clèves fait remonter son origine. *Voyez* Favin,

Et des récits de leurs illustres veilles,
De leur pouvoir, même de leurs erreurs,
Déjà cent fois j'ai charmé vos oreilles.
Mais nos savans sont comme ce héros
Ce digne fils de Jupin et d'Alcmène,
Qui ne sortait triomphant de l'arène
Que pour voler à des combats nouveaux.
Vous connaissez sa douce fantaisie?
Il couronna les plus nobles travaux
En s'en allant aux pieds de son amie,
Filer du lin et tourner des fuseaux.
Souvent ainsi, par un doux badinage,
Les vrais savans enchantent leur ouvrage :
Voyez rouler du sommet des coteaux
Sur les guérets une onde fraîche et pure ;
Tantôt ces bords, ombragés de verdure,
Sont couronnés de modestes hameaux ;
Tantôt des arts empruntant la parure,
Ils laissent voir la noble architecture
De cent palais qui répètent les flots.
Telle est toujours la science féconde :
Simple ou sublime elle embellit le monde,
Et son théâtre est ce vaste univers.
Pour nous, Sophie, assis sur le rivage,
Nous jouissons des conquêtes du sage ;
Nous contemplons ses prodiges divers ;
Et quelquefois, par un joyeux travers,
Eu badinant je chante sur ma lyre
Ses grands travaux dans un conte pour rire.

Théâtre d'honneur et de Chevalerie, tome II, Liv. VII,
d'où j'ai tiré cette histoire, en y ajoutant la colombe
d'Architas et le dragon de Kircher.

LETTRE XLVI.

HARMONIES HYDRO-VÉGÉTALES.

— ◆ —

Je conduirai vos pas sur la rive fleurie
Que la Saône se plaît à baigner de ses flots ;
Là, sous les pampres verts arrondis en berceaux,
Nous irons contempler la sublime harmonie
Qui règne entre les fleurs, le zéphyr et les eaux.
Alors, laissant errer doucement votre vue
Sur les bois enchantés, les vallons, les coteaux,
Sur le mont qui s'élance et se perd dans la nue,
  Votre âme, tendrement émue,
  Éprouvera des sentimens nouveaux ;
  Vous sentirez une volupté pure,
Que vous reconnaîtrez si vous aimez un jour :
  C'est éprouver un sentiment d'amour,
  Que d'être émue en voyant la Nature.

  Amans, espérez tout de la jeune beauté
  Que la Nature rend sensible !
  En vain son cœur vous paraît inflexible,
En vain elle vous traite avec sévérité ;
  Ah ! son âme, je vous assure,
  Est faite pour aimer un jour :
  Car l'amante de la Nature
  Devient bientôt l'esclave de l'amour.

Assis sur ces bords fortunés, nous apprendrons que si l'onde est nécessaire à la vie des gazons et des fleurs, les plantes et les arbres ont à leur tour la plus grande influence sur les eaux de l'atmosphère et de la terre.

Nous verrons les plaines et les montagnes couvertes de forêts, attirer les nuées et les dissoudre, détourner les vents dévastateurs, arrêter les météores électriques, les forcer à céder leurs feux, et préserver ainsi le hameau du vallon. Alors des pluies fécondes arroseront les campagnes, et l'air des cités sera toujours pur et serein.

Abattez les forêts, ce beau climat va changer; les orages gronderont, une sécheresse effroyable ou des inondations imprévues détruiront vos asiles champêtres, le ciel sera sans fraîcheur et la terre sans rosée.

Les plaines de la Provence sont dévastées par les orages, depuis que la cîme dépouillée de nos montagnes atteste aussi le passage d'une révolution.

Les voyageurs ont vainement cherché dans la Troade, le fleuve du Scamandre; il avait disparu avec la forêt de cèdres qui couvrait le mont Ida, où il prenait sa source.

> Je pense que vous savez comme
> Ce nom fut, dans l'antiquité,
> Fameux par un berger ami de la beauté,
> Par Vénus et par une pomme.

L'Italie jouissait, pendant l'existence des grandes forêts du Tyrol, d'une température douce; elle est devenue brûlante, depuis leur destruction.

Ainsi, les plantations d'une partie du monde étendent leurs influences jusqu'à plusieurs centaines de lieues.

Ainsi, l'on a vu changer le climat de la France,

> Lorsque d'insensés villageois,
> Sans aucun respect pour leurs pères,
> Abattaient ces antiques bois [1]

[1] On sait qu'à l'époque de la révolution les paysans détruisirent une grande quantité de forêts pour semer du blé dans les terres qu'elles occupaient.

Tout pleins encor des saints mystères
Des Druides et des Gaulois,
Et des danses vives, légères,
Qu'y venaient former les bergères
Aux sons rustiques du hautbois.
O France! de nouveaux feuillages
Viens te couronner en ce jour;
Viens nous rendre tes doux ombrages:
Tu sais qu'à des peuples volages
Il faut présenter tour à tour,
Et des retraites pour les sages,
Et des asiles pour l'amour!

Il ne pleut jamais dans les déserts de l'Amérique, parce que leur surface sablonneuse, et privée de végétation, réfléchit une très-grande chaleur; cette colonne d'air chaud qui s'élève de la terre empêche les vapeurs de se condenser, les éloigne toujours davantage, et les chassè vers les montagnes, où elles tombent, parce que l'air y est plus frais.

Comme tout est lié et prévu dans l'univers! la pluie eût été inutile et perdue dans un désert sablonneux; et la Nature a dit aux ondes du ciel : Vous ne tomberez que

dans les lieux où un tapis de verdure atten-
dra vos gouttes bienfaisantes.

Où est la goutte d'eau perdue dans la
Nature?

Les sécheresses produisent quelquefois
aux environs de Quitto, des maladies très-
dangereuses : pour en interrompre l'action,
il suffit de quelques petites pluies qui tem-
pèrent l'ardeur du soleil. La Nature qui a
tout prévu, a couvert de vastes forêts les
vallées et les montagnes environnantes, et
c'est ordinairement des lisières de ces forêts que s'élèvent les vapeurs abondantes,
les rosées délicieuses qui vont se répandre
presque tous les jours dans les plaines voisines [1].

Mais ces belles harmonies s'étendent plus
loin encore : il suffit de couper une plante,
d'abattre un arbre, pour détruire en même
temps les insectes bienfaiteurs, les oiseaux,

---

[1] Voyez *Histoire naturelle de l'Air*, tom. I, pag. 180:
les Harmonies hydro-végétales de M. Rauch, et les
notes.

les quadrupèdes même que la Nature avait
attachés à leur sort. Un naturaliste hollan-
dais raconte que des peuplades entières de
cormorans faisaient leurs nids et leur ponte
dans l'épaisse forêt de Sévenhius; mais ces
oiseaux disparurent avec les arbres antiques
qui les protégeaient; et ils allèrent s'établir
au bord de la mer, où leurs nids s'élèvent
encore aujourd'hui au-dessus des roseaux,
et offrent, comme Venise, le spectacle singulier d'une ville bâtie sur les flots.

Un voyageur moderne [1] a remarqué un
effet semblable sur la magnifique côte de
Lorente, près de Rome. Non-seulement
cette vallée du Tibre qui, selon Pline, était
ornée de plus de palais qu'il n'y en avait
dans le reste du monde, n'offre plus qu'un
amas de ruines, mais il semble que la Nature ait cessé d'y être belle et féconde, à
mesure que les hommes se sont retirés. Les
animaux ont disparu avec les ombrages qui

---

[1] *Voyez* le *Voyage au Latium*, ouvrage plein d'observations curieuses.

leur servaient d'asile. Les oiseaux voyageurs
même ne descendent plus sur ces rives dé-
sertes, et, cédant à l'instinct qui les dirige,
ils devinent les nouvelles contrées chéries
du laboureur, et vont prélever leur part
de sa moisson. C'est une loi de la Providence, que la présence de l'homme qui éloigne les êtres féroces, attire les êtres inno-
cens. Dès qu'il paraît, tous les bienfaits de
la Nature l'environnent, mais ils le suivent
dans sa marche sur le globe, enrichissant
tous les lieux qu'il chérit, abandonnant tous
les lieux qu'il abandonne. Ainsi les rivages
de Lorente ont perdu leur beauté dès qu'ils
n'ont plus été cultivés par des mains triom-
phantes; le ciel et la mer y conservent encore leur sérénité et leur teinte d'azur; mais
la terre y est triste, et tout ce qui l'habite
est mourant comme elle.

Sans doute les anciens connaissaient ces
influences d'une belle végétation. Il faut
admirer la profondeur de leurs inventions
politiques et religieuses. Alors chaque forêt

avait son oracle ou son temple qui la faisait
respecter; chaque arbre cachait une nymphe sous son écorce, chaque fleur renfer-
mait un être céleste ou malheureux; c'é-
taient comme des sentinelles placées dans la
solitude, et tous les ouvrages de la Nature
avaient un Dieu pour les garder de l'avidité
des hommes. Les sages eux-mêmes semblaient avoir adopté ces utiles superstí-
tions, et le grave Caton nous enseigne la
formule qu'il faut observer en abattant un
arbre, et l'invocation pieuse qu'on doit adresser à sa divinité avant de porter le premier
coup.

Jetez un regard sur les rivages fleuris ;
voyez les formes singulières des arbres qui
les embellissent, et jugez de l'harmonie que
la Nature met dans ses œuvres.

Là, d'un bord escarpé le peuplier s'élance ;
Et va chercher au ciel le vent qui le balance ;
L'aune moins élevé , fait entendre le bruit
Du zéphyr qui murmure ou de l'onde qui fuit,
Et le saule pleureur, inclinant son feuillage,
Retombe doucement sur les eaux qu'il ombrage.

Ne croyez pas que ces arbres ne servent
qu'à embellir les bords des eaux. Voyez-
vous ce platane qui se penche sur des rives
marécageuses? son feuillage est épais, sa
verdure est fraîche et superbe; mais il ne
porte point de fruits. A quoi sert-il donc
dans la Nature? Demandez-le aux fontaines
qu'il embellit; au voyageur qui s'assied sous
son ombre. — Il est donc inutile, s'écriera
l'impie : assez d'autres arbres offrent des
abris délicieux. — Non, non, il n'est pas inutile : n'a-t-on pas vu les Perses, victimes des
maladies pestilentielles qui s'élevaient de
leurs rizières humides, appeler à leur secours
le balsamique platane; aussitôt le fléau disparut. Il n'y a plus de contagion à Ispahan,
dit Chardin, depuis que les Persans ont orné
de platanes leurs rues et leurs jardins. Voilà
donc un arbre que la Nature nous présente
pour ombrager et purifier nos marais.

C'est surtout sur les bords de la Saône,
dans les belles campagnes de Lyon, que j'ai
pu étudier ces grandes harmonies. Les

paysages du Poussin étaient sous mes yeux;
les descriptions du Tasse, de Rousseau,
n'offrent rien de plus enchanteur : prêtez
l'oreille, le rossignol et la fauvette vont vous
faire entendre les plus charmans concerts.

O mon père ! c'est là qu'en ta maison des champs
Tu consacres tes jours aux soins les plus touchans;
Là, tu jouis des biens tant vantés par le sage;
L'arbre que tu plantas te prête son ombrage;
Tu vis content de peu; pauvre, mais bienfaisant,
Ta main secourt encor le faible et l'indigent;
Et pour que rien ne manque à ton bonheur tranquille;
Ma mère et les vertus habitent ton asile.,
Je vous salue, ô champs embellis par l'amour !
Lyon, ville immortelle où je reçus le jour,
Je te salue ! Hélas ! puisse le sort prospère
Me rendre dans tes murs le bonheur et mon père !
Oui, je veux les revoir tes rivages fameux;
Je veux revoir mon père, afin de vivre heureux.
Solitaire, isolé sous le même feuillage
Où tu daignais instruire et guider mon jeune âge,
O mon père ! ton cœur est encor plein de moi;
Tu songes tendrement au fils qui songe à toi,
Tu plains l'ambition et l'erreur qui l'égarent,
Ou plutôt, franchissant les lieux qui nous séparent,
Peut-être ta pensée, errante sur Paris,
Retrouve en ce moment le fils que tu chéris;
Tu le vois tristement appuyé sur sa table,
T'écrivant pour tromper l'absence qui l'accable;

Et tandis qu'en idée ainsi tu l'aperçois,
Son cœur est à Rillieux, et te suit dans nos bois;
Que ne puis-je en sa course arrêter la fortune!
Ah! si je fléchissais sa rigueur importune,
Vous me verriez alors, verdoyantes forêts,
Et vous, champs embellis par Flore et par Cérès,
Vous me verriez courir sur votre heureuse rive,
Suivre l'eau de la Saône à regret fugitive,
Y voguer doucement sur un léger bateau,
Ou m'asseoir sur ses bords célébrés par Rousseau;
Heureux de m'y trouver dans les bras de ma mère,
Et d'y jouir en paix des caresses d'un père!
Un Dieu m'entend, m'exauce, et je revois ces lieux
Le voilà, cet asile où je dois être heureux!
Fleurissez, bords charmans, étalez vos ombrages,
Couronnez-vous encor des plus rians feuillages;
Ruisseaux, faites entendre un murmure enchanteur,
Je vais revoir mon père et chanter mon bonheur.

Vous le savez, Sophie, si les bords de la Saône doivent me faire pardonner cet élan vers ma patrie, vous qui avez vu ses eaux endormies entre deux collines plantées de forêts et de jardins délicieux : ici s'élève un château gothique, une tour isolée, un pavillon, une chaumière; des fontaines jaillissent de toutes parts, entourées de peupliers et de saules d'Orient; quelquefois le coteau s'entr'ouvrant tout à coup, laisse voir un frais vallon qui se prolonge dans le lointain; une bergère y conduit ses troupeaux, un sage y contemple la Nature; le vallon se referme; et de terrasse en terrasse, les montagnes s'inclinent jusque sur le rivage. C'est là que l'on voit, au milieu des ruines romaines, fleurir des berceaux de myrtes et d'orangers; c'est là que s'élève le catalpa superbe, le cèdre, le mélèse à la chevelure noire, tandis que dans des vases de forme antique fleurissent les géranium variés, les ombelles rosacées de l'hortensia, et les guirlandes du bignonia. On croit, en respirant tous ces parfums, en voyant ces belles fleurs, ces eaux jaillissantes, cette verdure et ces pavillons, entrer dans quelqu'une de ces villes d'Orient dont les voyageurs font de si brillantes descriptions.

On raconte qu'un étranger, infidèle aux lieux témoins des premiers jeux de son enfance, cherchait une autre patrie pour y finir ses jours. Arrivé sur les bords de la

Saône, une nacelle le reçoit; il la laisse
aller au gré des flots. Alors on l'entend s'é-
crier dans son enthousiasme :

> Si les beautés de la Nature,
> Les ruisseaux, les bois et les fleurs,
> Nous rendent bienfaisans, sensibles et meilleurs,
> Ici doit habiter la vertu la plus pure.
>
> Il dit : mais son bateau léger
> Vogue toujours sans toucher au rivage.
> Nous avons dit souvent : Ici doit vivre un sage,
> En passant comme l'étranger.

Surpris des nouvelles beautés qui se dé-
couvraient sans cesse à ses regards, le voyageur s'écriait encore :

> Lorsque je vois ces campagnes tranquilles,
> Je sens la douce paix se glisser dans mon cœur,
> Et si je les compare au tumulte des villes,
> Je juge que le vrai bonheur
> Doit habiter ces aimables asiles.
> L'étranger dit : mais son bateau léger
> Vogue toujours sans toucher au rivage;
> Il connaît le bonheur du sage,
> Il passe sans le partager.

Un jour il aperçut la cité que l'histoire
Donnera pour exemple à la postérité :

Son commerce et les arts seuls ne font pas sa gloire,
Elle eut mille héros pour l'immortalité;
Mais le repos, hélas! fuit l'enceinte des villes.
Eh! qu'importe la paix de nos vallons tranquilles
L'étranger voit ouvrir le chemin des grandeurs
Fortune lui promet de l'or et des honneurs.
Alors un doux zéphyr, qu'il aide de sa rame,
    Pousse au rivage son bateau;
Mais il n'y jouit point du sentiment nouveau
    Qui venait d'enivrer son âme,
    Et bien souvent il pleura son hameau.

LETTRE XLVII.

RÉCAPITULATION, OU BUT DE LA NATURE.

———

Doux sentimens, plaisirs du cœur,
Ah! venez enchanter ma vie.
Je vais la revoir, cette amie,
Dont la présence est un bonheur,
Et qui, par l'amour embellie,
L'est encor plus par la pudeur.
Quoi! vous quittez votre retraite
Pour venir habiter Paris,
Séjour aimable où l'on regrette
La campagne et ses prés fleuris,
Mais où les plaisirs ont leurs fêtes
Et les femmes leurs paradis;
Où l'amour, les jeux et les ris,
L'opéra, les galans écrits,
Savent tourner toutes les têtes,
Même celle des beaux esprits :
Eh bien! venez; sur ces rivages,
Les beaux-arts vont vous accueillir,
Et vos grâces vont recueillir
Des éloges et des suffrages
Inspirés par le doux plaisir.
Ici, vous apprendrez des belles

A raisonner profondément
Des plus légères bagatelles ;
Vous verrez d'un chapeau galant,
D'une fleur ou d'une dentelle,
Le pouvoir aimable et charmant,
Et vous saurez incessamment
Ce qui se passe en la cervelle
De vos plus frivoles amans : .
Vous verrez leur troupe immortelle,
Vous entendrez leurs doux sermens,
Sermens de tendresse éternelle,
Et qui dure quelques momens ;
Venez, sans tarder davantage,
Nous montrer ce teint de village,
Ce sourire et ces yeux si doux ;
Mais n'écoutez pas le langage
Du plaisir qui règne sur nous ;
Car c'est ici qu'il rend volage
Les jeunes beautés comme vous.

Pour mériter votre suffrage,
J'ai chanté les œuvres du sage,
La Nature et son Créateur :
Daignez applaudir mon ouvrage,
·Et je chanterai mon bonheur.

Puisque cette lettre est la dernière que
vous pourrez recevoir de moi, je veux la
consacrer à quelques réflexions qui naissent
de l'étude des sciences.

Jusqu'à ce jour j'ai tâché de vous prouver

que la Nature est un tout harmonieux, dont
les élémens ont été liés par une puissance prévoyante. Sans le feu rien ne serait animé;
les fluides ne circuleraient pas, la terre serait aride, aucune créature vivante n'exis-
terait; sans l'air, le feu n'aurait point d'aliment, et les plantes et l'homme ne pourraient
renouveler leur vie. Eh! que deviendrait
l'univers si des fleuves ne fertilisaient son
sein? Quelle grande et singulière harmonie
entre la terre et l'eau qui l'arrose, l'air qui
l'enveloppe et le feu qui l'anime, entre le
ruisseau et l'herbe des champs, entre le
ruisseau, l'herbe et l'homme! On voit qu'une
sublime intelligence a prévu tous les rapports de ces différens êtres, et que la vie est
le but de la création; mais une fois qu'il est
prouvé que le hasard ne peut pas avoir un
but sans cesser d'être le hasard, Dieu reste
seul grand et immuable sur les débris des
systèmes de nos philosophes.

De quelle admiration n'est-on pas saisi
lorsqu'on voit la Nature, dans ses plus

grands phénomènes, joindre toujours le
beau à l'utile : la lumière nous annonce que
l'œil était prévu, et les superbes tableaux
de la campagne s'étendent sous les regards
de l'homme. Quelle admirable dépendance
entre ces immenses globes de feu qui roulent dans l'espace, et l'œil d'une créature
jetée à plusieurs millions de lieues sur un
atome de poussière! L'air qui se change en
blé dans la faible plante graminée, prouve
qu'une créature humaine devait s'en nourrir. Mais lorsqu'on voit ce même air servir
de véhicule au son, transmettre à l'homme
la pensée de l'homme, comment ne pas
croire à la prévoyance divine, à cette puissance qui nous fit entendre la pensée en
nous environnant des ondes d'un fluide invisible, et qui mit en harmonie la poussière
de l'œil avec l'astre éclatant du jour. Il est
un Dieu! on ne peut en douter en voyant
ses ouvrages.

Qu'importe qu'insensible au vœu de la Nature,
L'impie élève au ciel un impuissant murmure!

Lorsque son front couvert des horreurs du trépas,
Défie insolemment un Dieu qu'il ne croit pas,
Je vois le Dieu puissant, sur son trône sublime,
Prêt à lui pardonner, s'il reconnaît son crime,
Et ce Dieu, couronnant ses généreux efforts,
Donne un jour éternel pour un jour de remords.
Ah! que tout l'univers répète ses louanges;
Mortel, unis ta voix à la voix de ses anges;
Que la terre s'éveille à ces hymnes pieux
Qu'inspire la Nature et qu'exaucent les cieux;
Et vous, fiers potentats que la gloire environne,
Vous qui tenez de lui le sceptre et la couronne,
Songez, quand de nos jours vous vous faites un jeu,
Que le roi de la terre est terre devant Dieu.
Il n'est point de grandeur, il n'est point de puissance
Qu'il ne puisse effacer par sa seule présence;
Il fait trembler le ciel, et frémir les enfers,
Et sa seule pensée a créé l'univers.
Hélas! faible mortel, que la tombe humilie,
Quand tu viens en tremblant aux bornes de la vie,
Si tu n'élevais pas tes vœux jusques à lui,
Tu serais sans espoir, sans père et sans appui.

Ceci, Sophie, nous apprend que toutes
les œuvres de la Nature ont un but : la fleur
n'embellit pas seulement les champs, elle
ne sert pas seulement aux couronnes des
bergères, l'abeille laborieuse y puise un suc
délicieux qu'elle présente à l'homme dans

des coupes dorées; l'arbre qui nous offre son ombre, le nuage qui vole dans les airs pour abreuver les plantes, la rosée du soir qui purifie l'atmosphère, le troupeau de la prairie, ont tous le même but dans le grand œuvre de l'Éternel : ce but est l'homme.

Vous allez peut-être me demander quelle est la fin de l'homme au milieu d'une création qui tend toute à ses besoins et à sa gloire : cette fin est Dieu. Pour le prouver, il suffit que la pensée de l'homme ait senti la nécessité d'un Dieu. Il est nécessaire; donc il est!

Eh quoi! tout ce qui est sur la terre tendrait au bien de celui que son courage, son génie et Dieu placèrent à la tête de la création! et celui-là seul ne tendrait à rien! travailler, dévorer, penser et souffrir, serait notre fin! l'homme se verrait mourir tout entier au milieu de tout ce qui se renouvelle! le plus faible animal lèche les pieds du protecteur, du maître qui le nourrit, et l'homme serait sans protecteur et sans maître! celui qui peut s'élever si haut par la pensée serait obligé de se rabaisser pour jouir et pour aimer, lui que l'amour de son semblable ne peut satisfaire, et dont le cœur est si grand, qu'un Dieu seul peut le remplir!

O mortel! l'assentiment de ton cœur n'est-il donc rien? la joie d'appartenir à un Dieu est-elle donc un rêve? l'horreur du néant est-elle donc une illusion? A qui vas-tu adresser ta reconnaissance, à la vue des beautés et des bienfaits de la Nature? est-ce aux hommes? mais ils ne l'ont pas créée: tu aurais donc un sentiment sans but; lorsque ton cœur est embrasé d'un amour involontaire pour le ciel, lorsqu'en soule-vant la pierre de ta tombe, tu entends une voix qui t'appelle du sein de l'éternité, tu oserais te condamner au néant! Ah! les consolations que t'offre le Ciel, le bon-heur qu'il te promet, l'enthousiasme qui t'anime, voilà, voilà les preuves de ta gran-deur : preuves incorruptibles que tu appor-

tes en entrant dans la vie, et que tu laisses
après toi sur la terre, pour consoler tes en-
fans et agrandir leur destinée.

Salut, ô créature inspirée! homme! la
grandeur de tes œuvres prouve la grandeur
de ton avenir. Je te contemple et l'admiration me transporte. Je m'étonne de ma pensée, je deviens fier de mon être, l'immortalité m'appartient. Que vois-je? la voûte
céleste s'entr'ouvre, un feu brillant s'élance
de toutes parts : mes oreilles sont frappées
par des accords divins.

D'Apollon j'entends l'harmonie,
Il vole sur son char de feu;
Chante, me dit-il, le génie
Qui dévoile l'œuvre de Dieu.
Muses, venez monter ma lyre.
Ah! je le sens dans mon délire,
J'ai cessé d'être ce mortel
Qui connaît et plaint sa misère;
Je suis homme, roi de la terre,
Et mon âme touche le ciel.

L'homme naît, l'univers l'étonne;
Il voit les soleils sans appui;

Un orbe éclatant l'environne,
Les mondes roulent devant lui.
O sagesse ! ô magnificence !
Mortel, connais ton impuissance ;
Que dis-je ? connais ta grandeur.
La Nature est donc surpassée :
Peut-elle égaler la pensée
Qui devine le Créateur ?

Long-temps la créature heureuse
N'admira que l'auteur du jour ;
Mais la pensée ambitieuse
Dit : Je veux créer à mon tour.
Des arts telle fut la naissance.
L'homme, appuyé de la science,
Connut son immortalité ;
Et malgré sa faiblesse extrême,
Son premier regard sur lui-même
Lui dévoila l'éternité.

Bientôt l'homme inventa la lyre,
Sa voix interrogea les vents,
Et le souffle du doux zéphire
Forma des concerts ravissans.
O voix puissante du génie !
O prodiges de l'harmonie
Dont se vante l'antiquité !
L'homme abandonne sa chaumière,
Et tout à coup de la poussière
Je vois éclore une cité.

O mortels! un Dieu vous inspire ;
Voici des prodiges nouveaux :
Sous vos doigts la toile respire,
Un monde naît sous vos pinceaux ;
Le marbre taillé se transforme :
Je vois sortir d'un bloc informe
La déesse de la beauté.
L'homme avait animé la toile ;
Son ciseau fait tomber le voile
Qui cache une divinité.

Franchissons les déserts de l'onde,
Dit l'homme insensible à l'effroi :
Il part, et trouve un nouveau monde
Dont il se déclare le roi.
Contemplez-le : couvert de gloire,
Il vogue en chantant sa victoire,
Et triomphe de l'ouragan.
Contraste effrayant et bizarre !
Un ais fragile le sépare
Des abîmes de l'Océan.

Faible et mourante créature
Condamnée aux infirmités,
L'homme est un point que la Nature
Place entre deux éternités [1].
Mais que sa pensée est puissante !
L'esprit lui-même s'épouvante

---

[1] Imitation d'une pensée de Pascal.

De ses calculs audacieux.
Tel que l'astre de la lumière,
L'homme, en parcourant sa carrière,
Mesure la hauteur des cieux.

Jadis, dans la superbe France,
On vit un mortel généreux,
Dérobant aux dieux leur puissance ;
Il était bienfaisant comme eux :
Son art enfanta des merveilles ;
Du sourd il ouvrit les oreilles ;
Le muet se fit admirer.
O méchant ! cesse ton murmure ;
Vois tous les torts de la Nature,
Un homme a su les réparer [1].

Cependant un pompeux spectacle
Fut admiré de l'univers :
L'homme, voulant faire un miracle,
Osa s'élever dans les airs.
Le voilà qui laisse la terre ;
Une barque frêle et légère
Aux cieux porte le voyageur ;
Tout cède à son heureuse audace,
Et de la mort qui le menace
L'homme semble être le vainqueur.

Eh bien ! qu'ils viennent, les faux sages !
Le voilà, cet être puissant

[1] L'abbé de l'Épée.

Dont ils admirent les ouvrages;
Et qu'ils condâmnent au néant!
Ah! mon âme au ciel élancée,
Dans la grandeur de sa pensée
A vu son immortalité;
La mort me frappe et je succombe;
Mais les dieux ont fait de ma tombe
Le chemin de l'éternité.

FIN DU LIVRE QUATRIÈME ET DERNIER.

°ÉPILOGUE.

Heureux celui qui n'eut jamais l'envie
De courtiser. les neuf sœurs d'Apollon,
Qui vit obscur, qui, pour se faire un nom,
Et recueillir les palmes du génie,
A rimailler ne passe pas sa vie !
Il ne craint point de dangereux rivaux,
Il ne craint point les traits de la satire ;
Il n'écrit point, et se moque des sots
Qui sont atteints de la rage d'écrire :
Du peu qu'il sait il jouit en repos.
Mais pour prétendre à ce destin tranquille,
Faut-il vraiment qu'en un profond oubli
Mon nom toujours demeure enseveli ?
Il est, hélas ! il est bien difficile
De renoncer à décorer son front
De ce laurier qui croît au double mont.
Aussi, dût-on me trouver téméraire,
Jusques au bout j'ai suivi ma carrière.
Sûr d'obtenir un accueil indulgent,
Je vais enfin vous présenter, Sophie,
Le faible essai de mon faible talent ;
Car c'est à vous que mon cœur le dédie.
Là, d'un ton grave et léger tour à tour,
J'ai des savans imité le langage.

Ainsi qu'on voit une abeille volage
Qui de sa ruche, au matin d'un beau jour,
S'envole aux champs, s'arrête et se repose .
Sur chaque fleur nouvellement éclose,
Et de leur suc composant son butin,
En bourdonnant retourne à son essaim :
Tel, inspiré par une muse aimable,
Pour composer le miel de mes essais,
Pour rendre enfin la science agréable,
J'ai tour à tour effleuré vingt sujets.
Peut-être un autre aurait-il su mieux faire ;
Mais du bon goût qu'un zélé défenseur,
Avec esprit, sans fiel et sans aigreur,
Sur mes défauts et m'instruise et m'éclaire,
J'écouterai son avis salutaire.
Sur moi pourtant s'il fond avec fureur ;
Si le plaisir de fâcher et de nuire
Le fait armer des traits de la satire,
Si de sa bile écoutant les accès,
Pour m'accabler il lance tous ses traits,
Dois-je parler ou garder le silence ?
Dois-je lui rendre offense pour offense ?
Je dois sourire au critique odieux,
Et lui répondre, un jour, en faisant mieux.

C'était ainsi qu'autrefois la critique ,
Sans goût, sans choix, sans esprit, sans égards,
Pour les soumettre à son joug despotique,
Sur les auteurs fondait de toutes parts ;
Mais aujourd'hui, plus aimable et plus fine,
Adroitement la critique badine ;
Et cependant, malgré tous ses efforts,

IV.   14

Elle ne peut-diminuer le nombre
De ces écrits qui, passant comme une ombre,
Vont du Léthé peupler les tristes bords.
Un tel destin, Sophie, osons le croire,
De mes travaux ne sera pas le prix :
Ah! si par vous ils sont bien accueillis,
Je suis content; c'est assez pour ma gloire.

JIN DU TOME QUATRIÈME.

NOTES

DU TOME QUATRIÈME.

LIVRE QUATRIÈME.

LETTRE XXXVIII.

LA DÉCOMPOSITION DE L'EAU PAR LA PILE GALVANIQUE.

Cette superbe expérience appartient à la physique moderne. La voici :

Dans un tube rempli d'eau et bouché hermétiquement, plongez de part et d'autre des fils du même métal, et, après les avoir fixés à une distance d'environ onze millimètres (cinq lignes), mettez-les en contact chacun avec une des extrémités de la pile. Celui qui est en contact avec l'extrémité de la pile qui répond au zinc, dans chaque étage, se couvre de bulles de gaz hydrogène, tandis que celui qui touche l'extrémité qui répond à l'argent, s'oxide, s'il est oxidable, ou se couvre de bulles de gaz oxygène, s'il ne l'est pas.

Il était naturel de regarder ces gaz comme résultant de la décomposition de l'eau, si une circonstance particulière ne faisait naître des doutes sur cette explication.

Pour que le dégagement ait lieu, il faut que les extrémités des fils métalliques soient à une certaine distance; s'ils sont en contact, on ne voit plus de bulle; comment l'oxygène et l'hydrogène, provenus de la même molécule d'eau, paraissent-ils à des points éloignés, et pourquoi chacun d'eux paraît-il exclusivement au fil contigu à l'une des deux extrémités de la pile, et jamais à l'autre extrémité ?

Pour résoudre cet important problème, qui fixe toute l'attention des physiciens, il fallait voir d'abord si les bulles d'oxygène et d'hydrogène se manifestaient dans des eaux séparées.

Lorsque les eaux sont absolument isolées, les gaz ne se montrent point; si on les fait communiquer par un fil métallique, il y a seulement une production de gaz double, c'est-à-dire que chaque extrémité du fil intermédiaire agit dans la portion d'eau où elle plonge, comme si ce fil venait immédiatement de l'extrémité de la pile opposée à celle qui communique avec cette portion, de manière que chaque portion donne à la fois les deux gaz.

Mais si, à la faveur d'un tube de verre courbé
comme un V, l'on interpose entre les deux eaux
de l'acide sulfurique, le gaz hydrogène et le gaz
oxygène se manifestent chacun de son côté. Le
même effet a lieu, si, après avoir plongé chaque
fil dans un vase distinct, on fait communiquer
l'eau des deux vases par le moyen de ses propres
mains.

Ainsi la production de chaque gaz, dans des
eaux séparées, ne saurait paraître équivoque.

Il n'y a que trois manières d'expliquer ces
phénomènes.

Ou l'eau ne se décompose point; mais sa combinaison avec un principe quelconque émanant
de l'extrémité vitreuse de la pile produit le gaz
oxygène, et avec celui qui émanerait de l'extrémité résineuse, l'hydrogène;

Ou l'action galvanique tend à enlever dans
chaque eau une de ces parties constituantes, en
y laissant l'autre en excès;

Ou bien enfin elle décompose de l'eau, et, laissant dégager un des gaz à l'extrémité d'un des
fils, elle conduit l'autre d'une manière invisible
à l'extrémité de l'autre fil pour l'y laisser dégager.'

Ritter et Psaff partagent la première opinion,
qui contrarie tellement les faits sur lesquels repose la chimie moderne, qu'il serait impossible
de l'admettre, quand même on ne trouverait

aucune explication satisfaisante du phénomène
qui nous occupe.

La seconde question est de Monge. Hassen-
fratz a cherché à l'appuyer par l'expérience suivante. Si c'est le tendon qu'on emploie pour
moyen de communication, le dégagement ne
dure pas long-temps sans beaucoup s'affaiblir;
qu'on change les fils de vase, le dégagement re-
commence avec force, mais produit dans chaque
vase un gaz opposé à celui qui s'y dégageait avant.
C'est que, dit-il, chaque eau était épuisée, autant que possible, de la partie que le fil lui ar-
rachait, et contenait l'autre en excès; maintenant
nant que le nouveau fil lui demande précisément
cette partie excédante, elle l'abandonne avec facilité.

Fourcroy a manifesté la troisième opinion,
dans un Mémoire qui renferme un grand nombre
d'expériences qu'il a faites de concert avec Vau-
quelin et Thénard.

Ces physiciens admettent l'existence d'un fluide
particulier, qu'ils appellent *galvanique*, et qui
circulerait de l'extrémité vitreuse de la pile vers
l'extrémité résineuse.

Ce fluide, disent-ils, décompose l'eau en sortant de l'extrémité vitreuse; mais il ne laisse
échapper que l'oxygène en bulle, parce qu'il se
combine lui-même avec l'hydrogène, pour former un fluide qui traverse d'une manière invi-

sible l'eau, ou l'acide sulfurique, ou le corps humain, pour se porter vers l'autre fil; là le fluide gavanique abandonne son hydrogène, et le laisse échapper sous forme de gaz, tandis que lui-même pénètre dans le fil.

L'expérience principale, dont ces physiciens cherchent à appuyer leur hypothèse, est la suivante :

Si on interpose entre les deux eaux de l'oxide d'argent bien pur, le fil contigu à l'extrémité résineuse de la pile où devrait se manifester le gaz hydrogène, ne donne aucune effervescence, et l'oxide métallique se réduit du côté qui répond à l'extrémité vitreuse de la pile ; c'est que le fluide galvanique, chargé d'hydrogène, le perd en traversant l'oxide, dont l'oxygène le prend pour reformer de l'eau.

On a tenté sur le même objet quelques expériences, en mêlant dans l'eau différens acides ou autres substances composées ; mais leurs résultats ne paraissent présenter jusqu'ici que des modifications de l'expérience fondamentale du dégagement des deux gaz. Ainsi, si l'on y mêle de l'acide nitrique, le fil du côté de l'argent se dissout très-promptement, celui du côté du zinc ne se dissout pas. Il est visible que l'hydrogène s'empare de l'oxigène de l'acide, et ne permet pas au fil de s'oxider pour être dissous. Si l'on emploie de l'acide sulfurique, il se précipite du

soufre du côté du zinc, parce que l'hydrogène décompose l'acide en lui enlevant son oxygène, etc.

Un fait constamment observé par Nicholson
et Psaff, mérite de fixer un instant notre attention. Il se forme toujours un peu d'acide nitrique
du côté de l'argent, et d'ammoniaque du côté
du zinc. L'eau la plus pure contient toujours un
peu d'azote, qui, dans le premier cas, se combine
avec l'oxygène, et dans le second, avec l'hydrogène.

LETTRE XXXIX.

DE LA ROSÉE.

NOTE COMMUNIQUÉE PAR M. PATRIN.

Parmi les phénomènes que présente la rosée,
Il en est un bien remarquable, et qui, depuis près
d'un siècle, attire l'attention des physiciens. Il a
été reconnu et constaté par une foule d'expériences souvent répétées par Muschenbroeck et
Dufay, que la rosée ne s'attache pas indifféremment à tous les corps, et qu'il y en a même qu'elle
semble éviter de la manière la plus marquée : ce
sont les métaux *polis*, sur lesquels on n'en voit
jamais une seule goutte.

Ce phénomène a paru si singulier, qu'il n'y a,
ce me semble, qu'un seul physicien qui ait tenté

d'en donner l'explication, en disant que cela tient au *calorique* que les métaux conservent plus long-temps que les autres corps, et qui ne permet pas aux vapeurs de l'atmosphère de se condenser à leur surface.

Mais un grand nombre de considérations se réunissent pour empêcher d'admettre cette explication. On demanderait d'abord pourquoi ce ne sont que les métaux dont la surface a reçu le *poli* qui aient la propriété de repousser la rosée, tandis que ceux dont la surface est brute en reçoivent presque autant que les autres matières. En second lieu, l'on sait bien que la rosée la plus abondante tombe vers le matin, et alors assurément les plats de métal qui s'y trouveraient exposés dès le soir auraient bien eu le temps de perdre leur calorique.

En troisième lieu, il a été prouvé par les expériences de Dufay, de Muschenbroeck et de plusieurs autres physiciens, que si les métaux et les corps conducteurs de l'électricité repoussent la rosée, on voit par contre-coup que ce sont les matières vitrifiées et les matières grasses et résineuses, c'est-à-dire les matières non conductrices de l'électricité, qui la reçoivent en plus grande abondance. Un rapprochement aussi frappant ne peut, ce me semble, laisser douter que ce phénomène ne soit l'effet de l'électricité.

Pour nous en convaincre, rappelons d'abord

quelqués principes admis par tous les physiciens:
1° que les divers corps peuvent être dans deux
états différens d'électricité ; l'une *positive* ou *en
plus*, l'autre *négative* ou *en moins*, suivant la doctrine de Franklin ; ou bien *vitreuse* et *résineuse*,
comme les appelait Dufay.

2° Que deux corps électrisés de la même manière *se repoussent*, et que deux corps électrisés
d'une manière différente *s'attirent*.

3° Enfin que deux corps s'attirent quand l'un
des deux est dans un état électrique quelconque,
et l'autre dans l'état naturel de repos.

Il ne s'agit donc plus maintenant, pour expliquer le phénomène en question, que d'examiner quel est l'état électrique le plus habituel
de l'atmosphère, celui des vapeurs qu'elle contient, et celui des corps qui s'y trouvent exposés.

L'électricité de l'atmosphère (en temps serein,
qui est celui où se forme la rosée) est toujours
positive ou *en plus*, ainsi que l'ont prouvé les nombreuses expériences de deux hommes célèbres,
Saussure et *Volta*.

D'un autre côté, Saussure s'est assuré que l'é-
lectricité des vapeurs de l'eau est toujours *négative* (et c'est là peut-être la principale cause
de leur ascension dans l'atmosphère, où elles
sont attirées par l'électricité positive de l'air,
qui augmente en force à mesure qu'on s'élève
davantage au-dessus de la terre.)

Ce même physicien, qui voyait si bien les choses en grand, fait une supposition si bien conforme à la marche ordinaire de la nature : il pense que le fluide électrique descend continuellement du haut de l'atmosphère, pour pénétrer dans le sein de la terre et remplacer celui que les vapeurs emportent sans cesse avec elles ; et que c'est par le moyen de cette *circulation perpétuelle* que l'équilibre se rétablit (ou à peu près, car il n'y a rien d'absolu dans la Nature).

On doit donc considérer les vapeurs *montantes* comme électrisés *en moins*, et celles qui *descendent* par l'effet de leur condensation en gouttelettes, comme électrisées *en plus*.

Voyons maintenant ce qui se passe à l'égard des corps qu'on expose à la rosée : ceux qui sont de métal, étant d'excellens conducteurs de l'électricité, se chargent facilement de celle qui leur est communiquée par l'air environnant; ils se trouvent donc électrisés *en plus*, et conséquemment ils doivent repousser les gouttes de rosée qui sont également électrisées *en plus*.

C'est par la raison contraire, que ces mêmes corps métalliques, lorsqu'ils sont suspendus à une petite distance du soleil, ont leur surface *inférieure* couverte de rosée, attendu que les vapeurs qui forment cette rosée *ascendante* étaient électrisées *en moins*, et devaient conséquemment être attirées par des corps *électrisés en plus*.

On a remarqué, comme une espèce de contra-
diction, que les corps dont la surface était *brute*,
recevaient une certaine quantité de rosée, quoiqu'ils fussent *métalliques*; mais de nombreuses
expériences ont prouvé aux physiciens que les
corps dont la surface était couverte de petites
aspérités étaient toujours électrisés d'une manière différente de celle qui se trouvait dans les
mêmes corps dont la surface était polie; ainsi
ces métaux *bruts* étant électrisés *en moins*, devaient, comme tout autre corps électrisé de la
même manière, attirer des vapeurs qui se trou-
vaient électrisées *en plus;* donc, point de con-
tradiction.

A l'égard des corps vitreux ou résineux, comme
ils ne sont électriques que par le frottement et
nullement par communication, ils demeurent
dans leur état d'inertie naturelle; et dès lors il
règne entre eux et les corps électrisés par quelque genre d'électricité que ce soit, une attraction
plus ou moins forte; c'est en vertu de cette attraction que les gouttes de rosée, soit *montante*,
soit *descendante*, s'attachent également aux sur-
faces supérieure et inférieure des corps de cette
nature. (PATRIN.)

DE L'ORIGINE DES SOURCES.

NOTE COMMUNIQUÉE PAR M. PATRIN.

Parmi les phénomènes de la Nature, il en est peu qui aient autant exercé l'imagination des philosophes que celui que nous offrent si fréquemment les montagnes, dans ces courans d'eau vive qui sortent continuellement de leur sein, souvent même près de leur sommet, en quantité presque égale dans tous les temps de l'année, et sans que l'on aperçoive quel peut être le réservoir qui fournit à cet écoulement perpétuel d'une eau toujours pure et limpide.

On nomme assez indifféremment ces courans d'eau *sources* ou *fontaines*, cependant ces deux mots ne paraissent pas synonymes : la *source* est le courant d'eau lui-même : la *fontaine* est le bassin qui la reçoit et qui, pour l'ordinaire, verse au dehors le trop plein qui forme un ruisseau, quelquefois même un torrent considérable : telle est la fameuse fontaine de Vaucluse, d'où sort la rivière de Sorgues, assez forte pour porter bateau dès son origine.

Les anciens philosophes de la Grèce, qui pensaient que *tout se fait de tout*, c'est-à-dire que les élémens qui entrent dans la composition d'une substance quelconque, peuvent, par de nouvelles

combinaisons, devenir les élémens d'une substance toute différente de la première, disaient
que dans certaines circonstances l'air se changeait en eau, et l'eau se changeait en air. On
voit par-là que la seule contemplation de la nature et le simple bon sens les avaient fait appro-
cher de fort près de nos découvertes modernes,
puisqu'il est aujourd'hui reconnu que l'eau est
composéc d'oxygène et d'hydrogène; que ces
deux élémens, avant leur combinaison, sont
dans un état *aériforme;* en se combinant, ils
perdent cet état *gazeux* et forment un liquide;
voilà donc un fluide *aériforme* converti en *eau;*
cette eau est-elle décomposée, elle donne de
l'hydrogène à l'état *aériforme;* voilà de l'eau
convertie en *air.*

Ces philosophes pensaient donc que l'air, en
pénétrant dans l'intérieur des montagnes, s'y
condensait et s'y changeait en eau; l'on verra
tout à l'heure qu'en cela ils étaient bien moins
éloignés de la vérité que de célèbres auteurs plus
modernes qui, pour trouver l'origine des sources,
convertissaient les montagnes en alambics et
leur faisaient distiller la mer.

Ce fut Descartes, dont l'imagination avait créé
les tourbillons, la matière subtile, les animaux
machines, etc., etc., qui crut pouvoir expliquer
le phénomène des sources, en creusant, par la
pensée, des canaux souterrains par lesquels les

eaux de la mer venaient se rendre dans de grands
réservoirs placés sous les montagnes : ces réservoirs étaient d'immenses chaudières chauffées
par le feu central ; l'eau de la mer, réduite en vapeurs, s'élevait sous les voûtes supérieures de la
montagne, où elle se condensait comme dans le
chapiteau d'un alambic, et s'écoulait ensuite au
dehors comme par le bec d'un serpentin.

Quelque dénuée de vraisemblance que fût une
pareille hypothèse, elle eut le même avantage
que tant d'autres hypothèses trop légèrement
hasardées par des hommes célèbres : la réputa-
tion de son auteur lui donna de nombreux par-
tisans, qui tâchèrent, chacun à leur manière,
de la rendre admissible autant qu'elle pouvait
l'être.

Le célèbre architecte Vitruve, qui vivait sous
Auguste, avait eu sur l'origine des sources, une
idée beaucoup plus simple ; il se contentait de
l'attribuer à l'eau des pluies, qui, après avoir pénétré plus ou moins avant dans les couches de
la terre, allait sortir par la première ouverture
qu'elle rencontrait dans sa course souterraine.

Cette idée, qui paraissait fort naturelle, eut
l'honneur de partager l'opinion des savans du
dernier siècle, avec l'hypothèse de Descartes, toujours défendue par les amateurs du merveilleux.

Perrault, qui a donné lui-même un *Traité de
l'origine des Fontaines*, et qui avait adopté l'opi-

-nion de Vitruve, nous a laissé la notice de vingt-
deux hypothèses plus ou moins différentes, qui
toutes avaient pour base ou celle des pluies, ou
celle des alambics.

Cette dernière était assurément la moins susceptible d'être soutenue avec quelque probabi-
lité; elle présentait même une difficulté qui devait sauter aux yeux, et qui seule était capable
de la faire renvoyer dans le pays des chimères.

Personne n'ignore que l'eau de la mer contient
une quantité de sel assez considérable, et dont
la proportion est au moins d'une livre sur trente
livres d'eau. On sait également que le sel marin
est assez fixe pour n'être pas volatilisé quand on
fait évaporer l'eau qui le tient en dissolution.

Que devenait donc la masse de sel qui était
le résidu de la distillation de toutes les eaux de
source? Cette masse devait être d'un volume immense, d'après le calcul qu'on a fait relativement
aux eaux qui concourent à former une seule
rivière telle que la Seine. Suivant Mariotte, il
passe chaque jour sous le Pont-Royal deux cent
quatre-vingt-huit millions de pieds cubes d'eau :
or, chaque pied cube pèse soixante-dix livres,
et aurait par conséquent déposé plus de deux
livres de sel; ce qui en donnerait par jour une
masse du poids de cinq cent soixante-dix millions (en ne comptant que deux livres de sel par
pied cube), et au bout d'une année la masse se-

rait du poids de plus de deux milliards de quin-
taux, ce qui formerait le volume d'une petite
montagne.

Ainsi, quelque vastes qu'on supposât les souterrains où seraient faits ces immenses dépôts de
sel marin, il est bien évident qu'ils auraient été
bientôt totalement comblés, que les canaux auraient été obstrués, que la distillation aurait
cessé partout, et que toutes les sources auraient
été pour jamais taries; que d'ailleurs la mer serait
depuis long-temps privée de toute salure, puisque les fleuves et les rivières ne lui rendent que
de l'eau douce en échange de l'eau salée qu'elle
aurait fournie.

Des difficultés aussi palpables, et beaucoup
d'autres encore que présentait cette singulière
hypothèse, ont enfin ouvert les yeux sur son in-
vraisemblance, et l'ont fait complétement aban-
donner.

Tous les auteurs modernes se sont donc réunis
à l'opinion de Vitruve, qui regardait les eaux
de pluies comme la cause immédiate des sources
et des fontaines. Ils ont cru devoir y joindre la
rosée et les eaux provenant de la fonte des neiges.

Tout cela semble en effet à peu près suffisant
pour expliquer la formation de ces espèces de
sources qui se trouvent dans les plaines ou vers
le pied des montagnes, et qui sont sujettes à
s'enfler dans certaines saisons et à tarir dans

d'autres. Rien ne paraît plus simple que de dire:
quand il pleut abondamment, on voit l'eau couler
dans les champs, dans les chemins, dans les ra-
vins; bientôt la plus grande partie de cette eau
disparaît; elle pénètre dans l'intérieur de la
terre, et, en serpentant par des routes souterraines, elle va jusqu'à des distances plus ou moins
éloignées, se remontrer au grand jour sous la
forme d'une *source* qui donne naissance à un
ruisseau, et la réunion de plusieurs ruisseaux
forme une rivière.

Tout cela paraît, au premier coup d'œil, assez
satisfaisant; mais quand on y regarde de plus
près, on voit que cette manière d'expliquer l'o-
rigine des sources n'explique rien du tout, et
que même on a dit une chose assez ridicule; car
rien n'empêcherait que, d'après ce raisonement,
on ne pût dire aussi que les égoûts de Paris sont
au nombre des sources de la Seine, puisqu'ils
lui portent, par des routes souterraines, les eaux
de la pluie et de la neige fondue, tout comme
ces prétendues-sources dont on a si facilement
expliqué l'origine. Quant à la rosée, elle ne fait
que rendre à la terre une partie de l'humidité
qui s'en est évaporée; ainsi, bien loin de pénétrer dans l'intérieur pour y former des courans
souterrains, à peine suffit-elle pour réparer dans
les végétaux la perte qu'ils ont faite de leurs sucs
nourriciers.

. Ce ne sont point les sources des plaines qui peuvent faire la matière d'un problème, et c'est mal à propos qu'on les a confondues avec celles qui avaient mérité l'attention des anciens philosophes, et dont ils avaient expliqué l'origine par la condensation de l'air et sa transformation en eau. Ces *sources proprement dites*, dont l'origine paraissait mystérieuse, sont celles qui sortent des parties élevées des montagnes, quelquefois même près de leur sommet, qui ne tarissent jamais, qui n'éprouvent que de petites variations dans le volume des eaux qu'elles donnent, et dont la température est assez souvent différente de ce qu'elle semblerait devoir être d'après les circonstances locales.

Ce sont là véritablement les sources dont l'origine est problématique, et qu'on ne peut certainement pas attribuer à l'eau des pluies, puisqu'elles se trouvent dans une région où il ne pleut jamais ou très-rarement, et où la température est, même pendant l'été, voisine du terme de la congélation. Telles sont les *sources du Rhin*, situées dans les Alpes des Grisons à une élévation de 1029 toises, suivant l'observation de Saussure, §. 1856 ; telles sont les *sources de la Reuss* et du *Tésin*, toutes deux voisines de l'hospice du Saint-Gothard, à une élévation de 1065 toises (Saussure, §. 1832.) ; telle est la *source du Rhône,* qui sort près du sommet de la montagne de la

Fourche, à 900 toises d'élévation : elle se trouve près des glaciers, et ce qu'elle a surtout de remarquable, c'est que sa température est fort supérieure à celle de l'air ambiant et à celle du sol sur lequel coulent ses eaux. Dans différentes saisons, Saussure l'a constamment trouvée à la température de 14 degrés et demi. R. (ou 57° Fahr.); tandis que d'autres eaux voisines sont, ou peu s'en faut, à la température de la glace.

Ce sont de semblables *sources* qui méritent véritablement ce nom; et le seul bon sens, le simple instinct de la Nature, l'a fort bien fait sentir aux bons et grossiers habitans de ces montagnes, ainsi que Saussure l'a remarqué avec surprise. Voici qu'il dit à ce sujet : « Le glacier « qui porte le nom de *glacier du Rhône* (parce « qu'il est voisin de sa source), est, sinon le « plus grand, du moins l'un des plus beaux de « nos Alpes. Du haut d'une montagne *couronnée* « *par des rocs sourcilleux*, ce glacier descend, « hérissé de pyramides de glaces.... et vient for- « mer un immense segment de sphère..... Au bas « de ce segment, s'ouvrent deux arches de glace, « d'où sortent avec impétuosité deux torrens qui « viennent porter à la source du Rhône le pre- « mier tribut qu'elle reçoive.

« Ces deux torrens, quoique venant de plus « haut, *ne portent point le nom de source du Rhône*, « les gens du pays les nomment, avec une sorte

« de mépris, des *eaux de neige*, tandis qu'ils mon-
« trent avec une espèce de vénération, et hono-
« rent *comme source du fleuve* une fontaine qui
« sort de la terre au milieu de la petite prairie. »
(Saussure, §. 1718 et 1719.)

Le savant Scheuchzer, dans son *Voyage des
Alpes*, avait déjà fait la même remarque, et avait,
à cette occasion, traité de fous ces bons monta-
gnards; ce qui prouve seulement que parfois la
raison est plutôt du côté de l'instinct de la nature, que du côté de l'orgueilleuse science.

Pour en venir maintenant à la véritable explication de l'origine de ces sources perpétuelles
et intarissables, qui n'ont rien de commun avec
les pluies, il me suffira de rappeler un fait connu
de tout le monde, qui trouve sa juste application
au phénomène dont il s'agit, et qui montre aux
yeux le moyen simple que la Nature emploie sans
interruption pour produire ces sources qui ont
fait faire tant de faux raisonnemens, parce qu'on
aimait mieux rêver des systèmes dans son cabinet, qu'aller sur les montagnes étudier la nature.

Il n'est personne qui n'ait observé que lorsque
après une longue gelée il survient un dégel subit
par un vent chaud et humide; les vapeurs dont
il est chargé se condensent, et même se congèlent
en partie contre les murailles, et que bientôt
après on en voit couler une infinité de petits

filets d'eau. La même chose arrive pendant l'été
sur une bouteille qui a été mise à la glace. On
a beau l'essuyer parfaitement, un instant après
qu'elle est sur la table, elle se couvre de petites
gouttelettes d'eau, qui finissent par couler jusqu'au bas de la bouteille.

Ces petits faits si vulgaires nous représentent
au juste l'opération de la Nature dans la formation des sources.

Comme l'air a la plus grande affinité pour
l'eau, il se charge abondamment des vapeurs
aqueuses qui s'élèvent de la mer, des rivières,
des lacs, et de tous les corps qui contiennent de
l'humidité. Ces vapeurs s'élèvent dans l'atmosphère, et s'étendent de tous côtés. Lorsqu'elles
rencontrent les sommets des montagnes qui sont
dans une région où la température est voisine
du terme de la congélation, elles se condensent
aussitôt par le contact de ces corps froids, et se
convertissent en eau qui coule le long des rochers et pénètre par leurs fissures dans l'intérieur
de la montagne.

A mesure que ces vapeurs se condensent et se
résolvent en eau, celles qui les avoisinent leur
succèdent se condensent de même à leur tour,
successivement et sans interruption.

On sait d'ailleurs que les montagnes exercent
une forte attraction sur tout ce qui les environne,
notamment sur les vapeurs de l'atmosphère.

Aussi voit-on leurs sommets élevés presque toujours environnés d'une ceinture de nuages qui
ne sont autre chose que ces vapeurs mêmes, qui
reçoivent un commencement de condensation
qui les rend visibles, et qui passent successivement à l'état d'eau coulante. Ces nuages sont
d'épais brouillards pour ceux qui s'y trouvent
plongés, et qui sont incommodés de leur exces-
sive humidité. C'est ce qu'éprouva souvent l'il-
lustre Saussure, lorsqu'il fit une station d'une
quinzaine de jours, au mois de juillet 1785, sur
le col du Géant, à 1760 toises d'élévation. « Les
« deux glaciers, dit-il, qui bordaient notre arrête
« de rocher, faisaient l'effet de réfrigérens, et
« condensaient les vapeurs qui s'élevaient des
« profondes vallées situées immédiatement sous
« nos pieds. Ces vapeurs condensées formaient
« des nuages et des brouillards qui venaient
« nous troubler (dans les expériences sur l'élec-
« tricité), même quand le temps était partout
« ailleurs de la plus perfaite sérénité.... Ces
« brouillards faisaient toujours venir nos hygro-
« mètres *au terme de l'humidité extrême.* » (§ 2057.)

Je crois pouvoir ajouter que ces vapeurs, qui
viennent à se trouver en contact avec les neiges
et les glaciers de ces hautes sommités, non-seulement s'y condensent en eau coulante, mais
qu'elles y sont converties en petits glaçons semblables à de la neige, comme ceux qui se forment

sur les murs, dans les premiers momens d'un dégel subit : la raison est la même pour les uns et pour les autres. Après la gelée, nos murs sont à la température de la glace, et les vapeurs qui les touchent se changent en glaçons qui ne se fondent promptement qu'à la faveur de l'air chaud qui les environne. Sur le sommet des montagnes, les vapeurs qui touchent les glaciers doivent donc aussi se convertir en petits glaçons, et ceux-ci doivent persister, attendu que l'air lui-même est à peu près à la température de la congélation. Ce sont ces petits glaçons uniformes sans cesse accumulés sur la surface des glaciers, qui peuvent seuls les entretenir dans l'état où ils sont, et compenser la perte qu'ils font dans leur partie inférieure que la chaleur de la terre fait fondre continuellement, de manière qu'il sort de ces glaciers des torrens d'eau qu'ils ne pourraient certainement pas fournir pendant quelques semaines sans disparaître entièrement, s'ils n'étaient alimentés sans cesse par la congélation des vapeurs. Aussi n'ai-je pas craint de dire dans l'article GLACIER du *Dictionnaire d'Histoire naturelle*, que pendant l'été, les glaciers prenaient plus d'accroissement par la congélation des vapeurs, que pendant l'hiver par la chute des neiges, et j'ose croire que les physiciens ne prendront pas ceci pour un paradoxe.

Il suffirait de voir dans la vallée de Chamonni la source de l'Arvéron, qui sort comme un gros torrent de l'antre de glace qu'on admire au bas du glacier des bois, pour se convaincre que si ce glacier n'était pas continuellement alimenté et réparé par cette espèce de neige que forment, chaque nuit, à sa surface, les vapeurs de l'atmosphère, il ne pourrait fournir à la dépense d'eau qu'il fait chaque jour, sans disparaître bientôt complétement.

Quant aux vapeurs qui se condensent contre les rochers, elles se convertissent, comme je l'ai déjà dit, en petits filets d'eau coulante, qui pénètrent facilement dans les interstices des feuillets presque verticaux dont les rochers de ces hautes sommités sont presque toujours composés; ils s'y fraient une route qui s'agrandit insensiblement; bientôt quelques feuillets de la roche se détachent, et voilà le commencement d'un ravin souterrain, où se rendent les eaux qui découlent des rochers voisins : ces eaux pénètrent dans les fissures verticales qui sont au fond du ravin, elles descendent à des profondeurs plus ou moins grandes, et finissent par se montrer au jour sur quelque point des flancs de la montagne, où elles forment ce qu'on appelle *une source*, et cette source ne tarit jamais, parce que la cause qui la produit est habituelle et permanente.

C'est ainsi que ces *rochers sourcilleux qui cou-ronnent la montagne* d'où sort la source du Rhône, comme nous l'apprend Saussure, sont l'éternel réservoir qui alimentera toujours éga-lement cette source aussi long-temps que la montagne subsistera.

La structure intérieure des montagnes pri-mitives, formées généralement de couches à peu près verticales, surtout vers leur sommet, favorise la réunion des eaux dans un canal com-mun, par la facilité des communications entre les petits canaux au moyen des fissures fréquen-tes qui se trouvent dans les feuillets de ces ro-ches, presque toujoursdivisées en masses d'une forme rhomboïdale, qui n'ont le plus souvent que quelques pieds de dimension. De là vient que, dans ces sortes de montagnes, les *sources* sont bien moins multipliées, mais aussi beau-coup plus abondantes qu'elles ne le sont d'ordi-naire dans les montagnes secondaires à couches horizontales.

Les couches calcaires, plus épaisses, plus continues que celles des montagnes primitives, ne présentent qu'un très-petit nombre de fissu-res verticales, en sorte que les eaux qui peuvent pénétrer entre ces couches horizontales y for-ment une espèce de nappe plutôt qu'un courant, et s'échappent en simples filets par une multi-tude de petites échancrures.

Ce n'est que par des circonstances particu-
lières que les montagnes calcaires donnent des
sources abondantes; quand, par exemple, il se
trouve, sous des bancs de pierre dure et solide,
quelque couche plus tendre et susceptible de
décomposition, alors les eaux qui pénètrent par
les fissures des couches solides jusqu'à ces couches plus molles, ne tardent pas à les sillonner
par des canaux qui tendent toujours à se réunir
aux plus anciens, qui sont les plus profonds. Il
arrive alors dans le sein de la terre ce que nous
voyons arriver à sa surface : les petits ruisseaux
se réunissent aux courans plus considérables, et
forment enfin des rivières; c'est ainsi qu'ont été
formées la *fontaine de Vaucluse*, près d'Avignon,
et la *fontaine de Diane*, à Nîmes, où elle embellit la magnifique promenade qui porte son nom,
et qui est à l'extrémité nord-ouest de la ville.

J'ai vu ces deux fontaines dans le mois d'octobre dernier (1809). Celle de Nîmes sort du
pied d'un rocher calcaire extrêmement rocailleux, qui se délite en fragmens assez durs, mais
fort petits. Ce rocher, d'environ deux cents
pieds d'élévation, est coupé presque à pic; sa
face est tournée au midi, et il termine d'une
manière assez pittoresque cette partie du jardin.
Au pied de ce même rocher, à peu de distance
de la fontaine, est le temple de Diane, d'où
elle a tiré son nom. Sur l'esplanade qui cou-

ronne le rocher est la fameuse Tour-Magne
(*Turris Magna*) [1].

[1] La structure bizarre de cette tour ne permet guère de deviner quelle fut sa destination : on pense qu'elle fut construite
du temps des premiers Romains qui vinrent s'établir à Nimes.
L'auteur des *Antiquités de Nîmes* l'a décrite et figurée d'après
son imagination ; mais il finit par déclarer que *dans ce qui reste
on reconnaît à peine l'ordre, l'économie et la structure primitive
du bâtiment.* (Page 44.)

Voici ce que j'ai remarqué moi-même dans cette construc-
tion : elle présente quatre étages en retraite les uns au-dessus
des autres, ce qui donne à l'ensemble une forme un peu pyra-
midale. La base de l'édifice a sept faces, d'étendue inégale, de
trente-cinq à cinquante pieds chacune. La circonférence totale
est d'environ deux cent cinquante pieds. La hauteur de ce qui
reste de l'édifice est, suivant l'auteur des *Antiquités*, seulement de treize toises ; mais elle m'a paru être d'environ cent
vingt pieds, d'après le nombre des assises de pierre, qui sont
très-régulières et d'épaisseur égale, d'environ six pouces.

Mais un objet dont l'auteur ne parle point, quoiqu'il me pa-
raisse la partie la plus importante de l'édifice, c'est une espèce de vaste caveau qui n'avait ni porte, ni fenêtre, et où
l'on n'a pénétré qu'en perçant le mur par une ouverture latérale.
Le sol de ce caveau est au niveau du sol extérieur ; sa forme
est irrégulièrement circulaire, et sa circonférence est de cent
vingt pieds. Le mur qui l'environne n'est point vertical. On lui
a donné la forme d'un cône dont le sommet tronqué s'élève à
plus de quatre-vingts pieds au-dessus du sol. L'ouverture du
sommet, d'environ huit pieds de diamètre, est couverte par
des dalles de pierre placées horizontalement. Les murs de ce
caveau sont très-épais, et il paraît qu'il formait le noyau de
l'édifice, dont l'extérieur offre les vestiges de cinq ou six tours
rondes, qui toutes étaient appuyées contre la partie supérieure
et moyenne de ce noyau. Ce qui reste de ces tours n'est que le
segment qui était adhérent à ce même noyau, en sorte qu'on

. La *fontaine de Diane* est regardée.comme la
·source du *Vistre*, · quoiqu'elle aille se réunir à
d'autres courans beaucoup plus considérables,
et qui viennent de plus loin, mais qui sortent
.des marais, et ne paraissent pas être de véritables sources, par la même raison qui à fait regarder comme l'unique source du Rhône, celle
qui sort de terre immédiatement, plutôt que les·
torrens qui descendent des glaciers.·

ne saurait assurer si elles étaient rondes ou seulement demi-
circulaires. La face de l'édifice, du côté de l'ouest, n'offre
point de vestiges de semblables tours ; elle est en ligne droite,
et l'on voit dans le haut quelques colonnes de pierre engagées
dans le mur, et d'un style grossier; ce même côté présente
trois' faces intérieures d'une cage d'escalier, où l'on distingue
très-bien l'emplacement des marches de trois rampes de cet
escalier, qui devait conduire an haut de la tour.

Quelle était la destination de ce singulier bâtiment ; c'est
ce qu'on ignore : l'auteur des *Antiquités* rapporte les princi-
pales conjectures des antiquaires. Ces savans ont pensé que
c'était, 1° le mausolée des anciens rois du pays; 2° un phare
pour le port de Nîmes, dans les temps où la Méditerranée
venait jusque-là ; 3° un fanal pour guider les voyageurs par
terre ; 4° l'*ærarium* ou trésor public; 5° un monument con-
sacré à la mémoire de l'impératrice Plotine, épouse de Trajan ;
6° un temple des anciens habitans ; 7° que cette tour faisait
partie des fortifications de la ville.

De toutes ces opinions, c'est la première qui me paraît seule
probable : le grand caveau conique et sans communication au
dehors, pouvait être le tombeau du fondateur de l'édifice,
comme les pyramides d'Égypte servaient de tombeau à celui
qui les avait fait construire; et les espèces de tours latérales
pouvaient être destinées à servir de tombeaux à ses descendans.

. A peu de distance de sa sortie du rocher, la *fontaine de Diane* va remplir de vastes et magnifiques pièces d'eau qui décorent la promenade, et d'autres pièces d'eau qui servent à des usages économiques, tels que le canal des teinturiers, le grand lavoir de la ville, où j'ai vu plus de quatre cents lavandières, etc., etc.

J'ai mesuré la quantité d'eau que donne cette source, dans une ouverture carrée où elle passe; cette ouverture a quatorze pouces de large, et le courant avait environ trois pouces de profondeur, ce qui donne plus de quarante pouces cubes d'eau, qu'elle fournit continuellement, avec une assez grande rapidité, telle que pourrait être celle d'une eau qui coulerait sur un plan incliné d'un pouce par toise.

. .Quand j'ai visité cette source, c'était la saison de l'année où elle était réduite à ses eaux de source proprement dites, qui tirent leur origine des hautes montagnes (probablement des Cévennes); mais dans les autres saisons où les eaux de pluie et de neige viennent s'y mêler (comme cela arrive nécessairement aux fontaines situées dans les plaines), la *fontaine de Diane* est au moins du double plus abondante que quand je l'ai vue à la mi-octobre.

Trois jours auparavant j'avais été rendre mes hommages à la nymphe de *Vaucluse.* Sa fontaine, si célèbre par les amours de *Pétrarque* et

de *Laure*, est à cinq lieues à l'est d'Avignon.
Quand on est arrivé au village de Vaucluse, si-
tué sur la rive droite de la Sorgue, il ne reste
plus qu'un quart de lieue jusqu'à la fontaine. Au-
dessus de ce village, de l'autre côté de la rivière,
on voit sur les rochers les restes d'un ancien
château auquel on a donné le nom de *château de
Pétrarque*. Non loin de là sont d'autres masures
qu'on appelle la *maison de Laure*. On entre alors
dans un vallon un peu tortueux, fort étroit, di-
rigé du nord au sud, bordé de part et d'autre
par des rochers très-élevés et fort escarpés, qui
vont se joindre à un immense rocher qui termine brusquement le vallon et en forme un vrai
cul-de-sac, d'où est venu le nom de Vaucluse
(*vallis clausa*). C'est au pied de ce rocher qu'est
le bassin de la fontaine; pour y arriver, on suit,
le long de la rive droite de la Sorgue, un sentier rocailleux; et, quand on est près du sanc-
tuaire de la Nymphe , on voit sortir de dessous
ce sentier même une vingtaine de torrens d'eau,
dont la plupart sont de la grosseur d'un homme :
ils se précipitent avec fracas dans le lit qu'ils se
sont creusé, et où ils forment, dès leur naissance, une assez grosse rivière; deux autres
torrens semblables sortent de la montagne opposée. Ces divers courans produisent un tel effet, qu'un de mes compagons s'écria : *L'on dirait
que ces montagnes se fondent en eau !* Au delà de

ces sources, on découvre un entassement de
blocs énormes de rochers que couvrent les eaux
qui débordent par-dessus le bassin de la fontaine dans le temps de la fonte des neiges. Ce
bassin, dont le diamètre est d'environ soixante
pieds, est à peu près circulaire, et creusé en
entonnoir; il est adossé au pied du rocher qui
forme le fond du cul-de-sac. Ce rocher est coupé
jusqu'à la hauteur de plus de trois cents pieds,
aussi perpendiculairement qu'une muraille; il
est composé de couches calcaires horizontales, de
plusieurs pieds d'épaisseur. Quand j'ai vu cette
fontaine, le 11 d'octobre, il s'en fallait d'une
quarantaine de pieds que l'eau ne parvînt au
bord du bassin. Je descendis jusqu'à la surface
de l'eau, qui était aussi unie qu'une glace, et sans
aucune espèce de mouvement. Ce ne fut pas
sans quelque danger, car si le pied m'eût glissé,
je tombais dans un abîme dont on n'a jamais
pu, dit-on, trouver le fond. L'excavation du
bassin s'étendait sous les rochers, et je découvris à fleur d'eau de vastes canaux souterrains,
par où viennent se rendre dans le bassin les eaux
abondantes que produit la fonte des neiges; mais
il n'en paraissait pas alors le moindre filet.

Si je n'ai pas joui du coup d'œil pittoresque
de la belle cascade que forment les eaux de
Vaucluse quand elles passent par-dessus les
bords du bassin, et tombent en flots écumans

sur les blocs de rochers qui forment un amphithéâtre au-devant de la fontaine, j'ai eu plus de
plaisir encore à connaître la structure souterraine des canaux qui servent à l'alimenter. Ces
blocs de rochers étaient couverts d'une longue
mousse, d'un vert noirâtre, qui croît sur une
terre calcaire, blanche comme la neige et fine
comme la poudre, que les eaux y déposent en
perdant l'acide carbonique qui tenait cette terre
en dissolution.

A la tête de ces rochers, et sur le bord même
du bassin, les autorités du pays venaient d'éri-
ger une haute et belle colonne, avec cette ins-
cription en lettres d'or : A PÉTRARQUE, 1809.
La-base de cette colonne portait la marque des
eaux dont elle avait été baignée quelques mois
auparavant. Vis-à-vis de cette colonne, par un
caprice assez singulier de la nature, un figuier
sort de ce grand mur de rocher, dont le pied
forme la partie supérieure du bassin de la fontaine, précisément à la hauteur où parviennent
les eaux dans leur plus grande élévation; mais
je ne crois pas que jamais personne soit tenté
d'en aller cueillir le fruit : sa situation le rend
tout-à-fait inaccessible; les figues, d'ailleurs,
doivent y mûrir difficilement, supposé qu'il en
donne, car je n'en vis point, quoique ce fût
la saison. Comme le vallon est fermé du côté du
midi par les immenses rochers qui environnent

la fontaine, jamais elle ne fut éclairée par les rayons du soleil.

La fontaine de Vaucluse est, comme celle de Nîmes, alimentée de deux manières : ses eaux perpétuelles et intarissables sont fournies par de véritables *sources :* elles viennent probablement du mont *Ventoux*, la plus haute montagne de Provence : son élévation est de mille trente-sept toises. (*Journal de Physique*, tome LIII, p. 293.) Les eaux accessoires proviennent des pluies et des neiges. Ainsi, la véritable source de la *Sorgue* ne réside pas dans le bassin de la fontaine de Vaucluse, mais bien dans ces torrens qui sortent de dessous le sentier rocailleux.

SOURCES ET FONTAINES CHAUDES OU THERMALES.

De tous les phénomènes que présentent les sources, il n'en est point de plus obscur, et qu'on ait expliqué d'une manière moins satisfaisante, que la haute température qu'on observe dans quelques-unes. On sait, par exemple, que les eaux thermales du *Mont d'Or,* en Auvergne, s'élèvent à 35° (Réaumur); celles de *Vichi*, dans le Bourbonnais, à 40°; celles de *Cauterès*, dans les Pyrénées, à 41°; celles de *Balaruc*, en Languedoc, à 43°; celles de *Dax*, dans les Landes, presque au degré de l'eau bouillante, etc. (*Journal de Physique*, tome XXXII, page 53.) On a sou-

vent demandé quelle pouvait être la cause d'une
température aussi extraordinaire, dans des eaux
qui sortent de quelques rochers qui n'offrent
eux-mêmes aucune température particulière. Ce
qu'on a cru répondre de plus vraisemblable,
c'est que cette chaleur était occasionée par des
matières minérales embrasées, près desquelles
passent ces eaux souterraines.

Saussure lui-même, en parlant de la source du
Rhône et des causes de sa température habituelle
de 14° et demi, finit par dire : *Il est donc vraisemblable que cette eau, vraiment thermale, doit,
COMME LES AUTRES, sa chaleur à quelques amas
de pyrites qui se réchauffent en se décomposant
lentement dans le sein de ces montagnes.* (§ 1720.)

Je serais tenté de croire que ces mots, COMME
LES AUTRES, sont une espèce d'épigramme contre cette théorie banale et si complétement dénuée de vraisemblance. Un homme aussi éclairé,
un aussi grand observateur de la nature, pou-
vait-il sérieusement adopter une pareille idée,
lui qui avait dû voir si souvent dans les montagnes les pyrites disséminées dans les schistes
primitifs dont elles ne changent nullement la
température; lui qui avait vu cet amas de pyrites un peu cuivreuses, qui composent la mine de
Saint-Marcel, dont la masse est de plusieurs
milliers de toises cubes, et qui ne donnent pas
plus de signe de chaleur que les autres amas de

pyrites que l'on connaît; et ce n'est, certes, pas
faute d'être humectées, puisqu'il y passe un
ruisseau qui en détache le cuivre assez abondamment pour couvrir son lit d'une couche
épaisse d'oxide vert et bleu de ce métal.

Mais,,en admettant même que des amas de
pyrites se décomposeraient avec chaleur, comment pourrait-on supposer raisonnablement
que cette effervescence subsisterait pendant un
grand nombre de siècles; toujours au même degré, toujours dans le même lieu? Qui est-ce qui
ne sait pas que des substances qui réagissent
les unes sur les autres n'ont qu'une action d'une
durée très-bornée, et qu'ensuite elles tombent
dans un parfait repos? Il faudrait donc que,
par un miracle continuel, il se fît sans cesse un
renouvellement de pyrites neuves autour de chaque source; car c'est un fait bien connu, que les
sources thermales dont on fait usage aujour-
d'hui, n'étaient pas moins employées, pas moins
célèbres, il y a près de deux mille ans. Pline,
Strabon, et d'autres auteurs de l'antiquité, ne
nous laissent point de doute là-dessus. Les eaux
de SPA, dans le pays de Liége, sont décrites par
ces auteurs sous le nom de *Tungrorum·fons* :
BADE en Autriche était appelé *Thermæ Austri-
ciacæ;* BADE en Suisse, *Aquæ Helveticæ* ou
Thermæ superiores; BADE en Souabe, *Thermæ
inferiores.* (BADE signifiait *bain* en langue celti-

que ou tudesque, et les Allemands disent encore
aujourd'hui dans le même sens BAD, et les Anglais BATH. Le nom des villes d'Aix vient du la-
tin *Aquæ.*) Les bains d'AIX-LA-CHAPELLE étaient
appelés *Aquæ Grani*, du nom de celui qui les
avait construits sous l'empereur Adrien; AIX en
Savoie, *Aquæ Gratianæ*; AIX en Provence, *Aquæ
Sextiæ;* etc. Je pourrais en citer une foule d'autres. Or, je le répète, comment pourrait-on supposer, avec quelque vraisemblance, que pendant tant de siècles, sans compter les siècles
bien plus nombreux qui avaient passé précé-
demment sur ces mêmes eaux thermales, les pyrites eussent été toujours, en même abondance
dans le même local, et toujours au même degré
d'effervescence, ou plutôt d'incandescence? car
il n'en fallait pas moins pour communiquer aux
eaux une chaleur telle qu'elles conservassent encore une très-haute température, après avoir
traversé de longs trajets à travers les rochers,
qui n'étaient point échauffés eux-mêmes.

Je sais ce qui a pu induire en erreur sur la
cause de la haute température des eaux thermales, c'est que la plupart contiennent une assez
grande quantité de soufre, dont on expliquait
la présence par la décomposition des pyrites.
Mais la grande difficulté subsistait toujours :
d'où pouvait venir cette quantité de pyrites toujours nouvelle, toujours inépuisable, toujours

au même lieu, toujours au même degré d'effervescence? Difficulté totalement insoluble aux
yeux de la raison.

Heureusement pour la vraie connaissance de
la nature, de bons esprits commencent à penser qu'elle *forme* journellement des substances
qu'on s'était accoutumé à regarder comme des
substances simples, formées depuis le commencement des choses, et que la Nature pouvait
seulement tourner et retourner suivant le besoin; le soufre était dans ce cas-là : mais on
commence à penser qu'il peut se *former dans les
corps organisés*. Or, comme je ne crois nullement
qu'il y ait une ligne de séparation entre ce qu'on
nomme les trois règnes, je pense que le soufre
des eaux thermales est journellement *formé* par
la nature, dans le règne minéral, tout comme
dans les animaux et les végétaux. J'ai dit dans
ma *Théorie des Volcans* (*Journal de Physique*,
germinal an VIII, mars 1800) quelles étaient
les raisons qui me faisaient regarder le soufre
comme une simple concrétion du fluide électrique (joint peut-être à quelque base, telle que
l'hydrogène). Je pense qu'il en est du phénomène des eaux thermales comme des phénomènes volcaniques (avec lesquels il a beaucoup
d'analogie), et que ce ne peut être que par le
renouvellement continuel de quelques fluides
atmosphériques absorbés par les rochers, que

ceux-ci peuvent, dans le sein des montagnes, communiquer aux eaux un degré de chaleur plus ou moins considérable.

Ce qui me porte surtout à le penser, c'est la faculté qu'ont ces rochers de fondre insensiblement la neige qui les couvre (comme on le voit par les eaux qui découlent en tous temps des glaciers), et d'amener à l'état liquide les vapeurs qui s'attachent à leur surface sous la forme d'atomes glacés, dans les contrées les plus froides du globe, ainsi que j'ai pu l'observer en Sibérie, où les sources des rivières ne sont jamais interrompues, malgré les froids inconcevables de trente-cinq à quarante degrés et même au delà, que j'ai souvent éprouvés dans ces terribles contrées, où j'ai vu bien des fois le mercure figé, et rendu maléable en un instant. Toute la rive occidentale du lac *Baïkal*, dans une étendue de plus de cent lieues, est toute bordée, jusqu'à une lieue au large, d'une infinité de sources chaudes qui viennent des hautes montagnes dont cette partie du lac est environnée. Ces sources forment dans la glace des ouvertures circulaires où l'eau du lac ne gèle jamais, ce qui rend la route d'hiver extrêmement dangereuse : j'ai moi-même failli y périr.

Ne pourrait-on pas dire que certains rochers, dans des circonstances qu'on ne connaît pas encore, ont la propriété d'absorber le calorique de

l'atmosphère, et de le transmettre aux eaux avec
lesquelles ils se trouvent en contact? Ne sait-on
pas qu'il y a des corps qui, au moyen de certaines dispositions, peuvent absorber une pro-
digieuse quantité de fluide électrique, pour le
transmettre ensuite à d'autres corps, comme on
le voit dans les expériences d'électricité, surtout
dans celle de la bouteille de Leyde? La seule
différence qu'il y ait entre ces phénomènes, c'est
que l'un s'opère avec rapidité; l'autre d'une manière lente et continue. Cette marche différente
est analogue à la nature des deux fluides : c'est
le propre du fluide électrique de se communiquer subitement, avec violence, avec fracas,
tandis qu'au contraire c'est le propre du calorique (tel que celui que la terre reçoit du soleil)
de se communiquer d'une manière douce, lente
et progressive.

En un mot, ce qui me paraît incontestable,
c'est que ce ne peut être que par une cause qui
se renouvelle continuellement, et par *cette éternelle circulation de fluides qui est l'âme de tous les
phénomènes de la nature*, qu'est produite cette
haute température des eaux thermales, et non
par une cause purement temporaire qui tendrait
sans cesse à s'anéantir, puisque le même effet
subsiste avec la même énergie depuis tant de
siècles, et qu'on peut hardiment assurer qu'il
subsistera aussi long-temps que les montagnes.

SOURCE DE L'ILE DE STROMBOLI.

Puisque je parle de l'origine des sources, je
ne puis passer sous silence celle de *Stromboli*,
qui se forme d'une manière très-extraordinaire ;
car son eau n'est point le résultat de la simple
condensation des vapeurs aqueuses ; elle est immédiatement et chimiquement composée d'élémens qui n'étaient point de l'eau.

L'île de *Stromboli*, l'une des îles Éoliennes,
situées au nord de la Sicile, renferme un volcan
qui est l'un des plus singuliers que l'on con-
naisse : il fait continuellement de petites éruptions de boules de lave enflammée qu'il lance
en l'air, et qui ressemblent à un feu d'artifice ;
ce phénomène se renouvelle de demi-quart
d'heure en demi-quart d'heure, depuis des milliers d'années : il était connu du temps de Pline.
Dolomieu, dans son voyage aux îles Éoliennes
ou de Lipari, a décrit ce volcan ; et voici ce
qu'il dit de la source qu'on y trouve : « Je des-
« cendis la montagne en courant sur les cendres
« mouvantes dont elle est couverte.... Je côtoyai
« une déchirure considérable.... et je vis que
« l'intérieur de la montagne est formé presque
« entièrement de cendres et de scories.... Je ren-
« contrai, à moitié hauteur, une petite source
« d'eau froide, douce, légère, et très-bonne à

« boire.... Cette petite fontaine, dans ce lieu très-
« élevé, au milieu des cendres volcaniques, est
« très-remarquable; elle ne peut avoir son ré-
« servoir que dans une pointe de montagne iso-
« lée, toute de sable (ou cendres volcaniques) et
« de pierres poreuses, matières qui ne peuvent
« point retenir l'eau, puisqu'elles sont perméables
« à la fumée; d'ailleurs, comment se peut-il que
« la chaleur intérieure et l'ardeur d'un soleil
« brûlant ne dissipent pas toute l'humidité et
« toute l'eau dont se peut être abreuvé pendant
« l'hiver ce sommet de montagnes? »

A l'époque où se trouvait alors Dolomieu, la
chimie ne nous avait point encore appris que
l'eau se compose de deux élémens, l'hydrogène
et l'oxygène, et que, quand ces deux principes
sont à l'état gazeux, et que le fluide électrique
ou tout autre feu les embrase, ils se combinent
à l'instant, et se montrent sous la forme d'eau
coulante. Aussi fut-il impossible à Dolomieu de
hasarder aucune explication du phénomène que
lui présentait cette singulière fontaine.

Je me suis trouvé dans des circonstances plus
heureuses, et j'en ai profité. Ma *Nouvelle Théorie
des Volcans*, fondée sur les principes de la chimie
pneumatique, a donné tout aussi naturellement
l'explication de l'origine de cette source, que
de l'origine des autres produits volcaniques. J'ai
fait voir, dans cette Théorie, que le gaz hydro-

gène, le gaz oxygène et le fluide électrique étaient
essentiellement au nombre des fluides qui concourent à produire les divers phénomènes des
volcans; que dans les éruptions des volcans
ordinaires, qui ne se renouvellent qu'après un
certain espace de temps, il arrive assez souvent
que ces deux gaz se trouvent en surabondance,
et qu'il résulte de leur combinaison une quantité
d'eau plus ou moins considérable, qui forme
ou des déluges de pluie, ou des torrens d'eau,
ou des éruptions boueuses.

Le volcan de *Stromboli*, dont les paroxysmes
sont continuels, et qui ne forme que peu de lave,
se trouve habituellement dans le même cas où
les autres ne se trouvent que par accident : les
gaz hydrogène et oxygène y sont en surabondance, de manière qu'il n'y a qu'une portion
de ces gaz qui soit employée aux autres phénomènes; le surplus est enflammé par le fluide
électrique, toujours fortement en activité dans
les volcans, et il en résulte une *formation d'eau*
continuelle qui donne naissance à cette source,
dont la chimie pneumatique pouvait seule me
faire deviner l'énigme. (PATRIN.)

LETTRE XL.

DE LA GLACE.

Voici les vers de Lucrèce. J'ai cru devoir, pour compléter le sens de ce poëte, ajouter quatre vers dans ma traduction française :

Postremò pereunt imbres, ubi eos pater æther
In gremium matris terraï præcipitavit ?
At nitidæ surgunt fruges, ramique virescunt
Arboribus ; crescunt ipsæ, fœtuque gravantur.
Hinc alitur porrò nostrum genus, atque ferarum :
Hinc lætas urbes pueris florere videmus,
Frondiferasque novis avibus canere undique silvas
Hinc fessæ pecudes pingues per pabula læta
Corpora deponunt, et candens lacteus humor
Uberibus manat distentit : hinc nova proles,
Artubus infirmis teneras lasciva per herbas
Ludit ; lacte mero mentes percussa novellas.

(LUCRET., lib. I.)

LETTRE XLI.

DES EAUX SOUTERRAINES.

La grotte de la Balme, que je décris ici, l'a déjà été par plusieurs naturalistes ou historiens célèbres.

On peut consulter l'*Histoire du Dauphiné*, par Charier; les *Mémoires de l'Académie des Sciences;* l'*Encyclopédie*, le *Dictionnaire de Bomare*, et plus récemment, la Description de M. Bourrit aîné. Comme cette brochure n'est pas bien répandue, j'en ai extrait le morceau suivant, qui m'a paru écrit avec chaleur et abandon.

Après avoir parlé de la résolution qu'il avait prise de se jeter à la nage dans ce lac souterrain, il ajoute :

« J'avais fait des.*chandeliers aquatiques*, avec des plaques de liége, et un corcelet de même matière, pour n'avoir pas à craindre les dangers d'une trop longue natation. Arrivé au village de la Balme, je disposai un montant d'une échelle de huit pieds, rond d'un côté, plat de l'autre, pour recevoir des chandelles dans les trous vides faits pour les échelons. J'adaptai ensuite à chaque extrémité de ce nouveau candelabre, une petite planche clouée en travers, pour l'empêcher de chavirer. J'y attachai encore une boîte, où je mis une sonde, un thermomètre, le nécessaire pour rallumer mes lumières, au cas qu'elles s'éteignissent, ma montre, une carte hydrographique du lac, que m'avait tracée M. de La Poipe, et tous les autres objets que je crus devoir m'être utiles : ce fut avec cet attirail que j'entrai dans la grotte. Il serait difficile de vous exprimer l'étonnement des habitans du villâge ; plusieurs m'accompagnèrent en déplorant ce qu'ils appelaient ma folie : ils ne doutaient pas qu'elle ne me conduisît à ma perte ; mais je m'inquiétai peu de leurs sinistres présages.

« A chaque pas je tremblais pour mes préparatifs ; cependant, malgré les décombres et les puits, ils arrivèrent heureusement à leur destination. J'attachai mes chandeliers de liége à quelque distance les uns des autres, avec de la ficelle que j'arrêtai à l'extrémité postérieure de ma branche d'échelle ; je fixai mes autres lumières dans les trous disposés pour cela, et je mis à flot cet équipage. Je me déshabillai le plus promptement possible, pour n'être pas saisi par le froid ; mais le domestique n'en faisait pas de même ; il prêtait l'oreille aux discours de ceux qui disaient tout bas que j'allais me noyer. L'aspect de ces lieux sombres, cet embarquement nocturne, ce canal tortueux, ces eaux qu'il découvrait au loin à la lueur des flambeaux, tout abattit son courage ; cependant pressé par mes railleries, il se mit dans l'eau jusqu'aux genoux ; mais il pâlit, et m'assura, en tremblant, que l'eau était trop froide ; qu'il ne saurait la supporter, puis, enfin, qu'il ne m'y suivrait pas pour tous les châteaux de son maître : rien ne put l'ébranler. Il fallut donc me résoudre à m'avancer seul sous ces voûtes souterraines : j'hésitai quelque temps ; mais la curiosité l'em-

porta. Je contemplai mon petit armement; je
m'indignai d'avoir balancé, et je me mis à la
nage.

« Sous le bras gauche, je tenais ma branche
d'échelle qui servait d'appui, tandis que je me diri-
geais du bras droit et des jambes. Cette manière
de nager soulage beaucoup, permet une attitude
plus perpendiculaire, plus commode, et laisse
presque l'usage des mains. Quelques coups que
je me donnai me firent apercevoir que je pouvais
prendre pied, alors je marchai quelque temps à
moitié hors de l'eau, et je pus me familiariser
avec l'endroit extraordinaire dans lequel je m'é-
tais enfoncé. Ayant bientôt perdu le fond, je
nageai avec lenteur pour éviter tout accident.

« La fraîcheur de l'eau, la pureté de l'air, tout
avait disposé mes organes de manière que jamais
ils ne se prêtèrent à de plus douces sensations.
J'étais hors de la vue de mes guides (les sinuo-
sités du lac ne permettant pas de le voir dans
son ensemble), je les appelai de toutes mes
forces, je prêtai l'oreille, et une espèce de bruis-
sement précéda le son qui m'apporta bientôt
leur réponse : puis, comme si j'eusse rompu par-
là tout rapport avec les hommes, je tombai insensiblement dans une sorte d'extase, j'oubliai
le but de mon voyage; je sortis de l'eau pour
m'asseoir sur la saillie d'un rocher, qui forme
une étroite presqu'île, et je m'abandonnai tout

entier à la méditation. Mes regards attentifs parcouraient doucement la voûte de la grotte ; l'é-
clat de mes lumières dans ces lieux de ténèbres,
la limpidité des eaux qui les réfléchissaient, le
sillon d'or formé par leur longue traînée, et le
profond silence qui régnait autour de moi, oc-
casionnèrent dans mon âme une émotion secrète
qui tenait le milieu entre la crainte et le ra-
vissement; j'oubliai le monde, ou plutôt je n'y
pensai que pour lui dire comme un éternel adieu.
Une montagne me recouvrait, une montagne
m'interceptait la lumière du ciel ; je ne res-
pirais plus un air commun à tous les hommes ;
j'habitais une autre sphère. Quelquefois aussi
je croyais que la voûte entr'ouverte allait
m'abîmer sous ses ruines, ou qu'une masse
d'eau s'élevant jusqu'à elle, allait m'ensevelir
dans son sein ; cependant ces idées ne m'ef-
frayaient point, elles étaient bientôt absorbées
par le souvenir du grand Auteur de la nature :
je ne voyais plus que lui, je me croyais seul en
sa présence ; les murs, les voûtes, le lac, me pa-
raissaient un temple où tout portait son empreinte, je le contemplais dans ses œuvres, mon
âme attentive croyait le voir, le sentir ; et, dans
un enthousiasme que je n'éprouvai que là, je fis
retentir la grotte du chant d'une ode du grand
Rousseau, dont la sublimité répondait à l'exal-
tation de ma pensée.

« Revenu de cette espèce d'ivresse religieuse, dont il serait difficile d'exprimer le charme, je repris ma natation, et j'arrivai dans un endroit où la voûte plus exhaussée, et le lac plus étendu, forment une espèce de rotonde, qui semble n'avoir point d'issue ; au premier coup d'œil, je crus avoir terminé ma course ; néanmoins, en faisant le tour de ce bassin, où mes lumières produisaient le plus charmant effet, je trouvai une ouverture, mais si basse et si étroite, qu'il me fallut beaucoup de précaution pour y passer ma personne et mon équipage. Ce fut alors que j'entendis un petit bruit semblable à celui d'un ruisseau, j'eus d'abord une légère frayeur, mais dont je revins presque aussitôt, en pensant que j'allais trouver l'endroit par lequel les eaux se rendent dans le lac ; cependant mes recherches furent infructueuses, et je compris que ce murmure des eaux n'était occasioné que par les vagues que je faisais en nageant, qui allaient doucement se briser contre les parois du rocher.

« Parvenu à l'extrémité du lac, j'en cherchai inutilement la source, et dans tout le temps de ma natation, qui dura une heure, je n'entendis pas la moindre goutte tomber dans l'eau, je la trouvai d'un calme parfait ; et si la source eût été dans le lac même, je l'aurais certainement découverte, à cause de son extrême limpidité, qui permet partout d'en voir distinctement le

fond. Je ne restai pas long-temps à l'extrémité
du lac, où je ne découvris rien d'aussi intéres-
sant que je l'avais d'abord supposé. Je me hâtai
donc de revenir; la faim me dévorait; d'ailleurs
mes chandelles répandaient une fumée qui, ne
trouvant pas d'issue, m'affectait sensiblement
la poitrine; un frisson refrodissait mon ardeur,
et ma curiosité satisfaite n'avait plus d'aliment.

« Au retour, un peu avant la fin de ma navi-
gation, j'aperçus la lueur répandue par les flambeaux de mes guides; bientôt après, je les vis
eux-mêmes; et, malgré leur peu de courage,
j'éprouvai un sentiment de plaisir difficile à dé-
peindre; leur joie ne fut pas moins vive que la
mienne; ils ne doutaient plus de ma mort, et se
disposaient à partir lorsqu'ils m'aperçurent. Le
froid m'avait saisi au point que je ne me sentais plus; ils furent obligés de m'habiller, etc. »
(BOURRIT aîné.)

Il est plusieurs autres grottes très-célèbres,
telles que celle des Fées, près de Cange, dont on
peut lire une description intéressante et peut-
être un peu romanesque dans la *Collection des
Petits Voyages*, par M. *Bérenger*. La grotte d'An-
tiparos n'est pas moins renommée, grâce à la
belle description que nous en a donnée *Tourne-
fort*, dans son *Voyage au Levant*.

LETTRE XLII.

DE LA NATURE DE L'EAU.

DU GAZ HYDROGÈNE.

Le gaz hydrogène brûle sans laisser de résidu. Le résultat de cette combustion est toujours
de l'eau. On peut établir comme axiome chimi-
que, qu'*il n'y a point d'hydrogène sans décomposition d'eau.* Cette vérité, qui paraît d'abord être
trop générale, ne reçoit cependant point d'exception.

On ne peut parler de l'hydrogène sans parler
aussi de la fameuse découverte de la composition de l'eau, et comme son deuxième principe,
l'oxygène, nous est déjà connu, il nous sera
facile de comprendre la théorie de cette composition.

Cavendish, à Londres, avait remarqué qu'en
brûlant de l'hydrogène sous des cloches de verre,
il se formait beaucoup de gouttes d'eau sur les
parois. Mais ce phénomène n'était point ap-
précié, et on l'expliquait par la précipitation de
l'eau toute formée, et tenue en dissolution dans
l'air. Si on eût imaginé d'examiner le poids de
l'air avant et après la combustion, ainsi que
celui de l'eau obtenue dans cette opération, on
eût découvert l'erreur de cette explication, qui

cepehdant, au premier coup d'œil, paraît très-plausible.

Il était réservé à Lavoisier de prouver que l'eau obtenue par Cavendish était le produit de la combinaison de l'hydrogène avec l'oxygène pendant la combustion.

MM. Meunier et Lavoisier, pour établir ce principe, eurent besoin d'appareils extrêmement exacts et très-dispendieux; on va tâcher de donner une idée de leur expérience.

A un ballon de verre où on avait fait le vide, ils adaptèrent des tuyaux ou conduits qui partaient de deux gazomètres (mesure-gaz), dont l'un contenait l'oxygène, et l'autre l'hydrogène en gaz. Ils eurent soin de mettre dans les conduits un sel déliquescent, pour absorber toute l'humidité qui aurait pu être tenue en dissolution dans le gaz, afin que le résultat fût rigoureusement exact. Ils pesèrent avec soin les gaz qui devaient entrer dans le ballon; ils le remplirent d'abord d'oxygène, ensuite y firent passer un filet d'hydrogène, allumé subitement par l'étincelle électrique. La combustion fut rapide, l'eau tapissa d'abord l'intérieur du ballon, et, en ruisselant, tomba sur le fond; ils obtinrent de cette manière, et à différentes reprises, plusieurs onces d'eau.

L'expérience faite, ils comparèrent le poids des gaz employés avec celui de l'eau obtenue,

et n'y trouvèrent qu'une différence de un deux-
centième de grain : la préparation de l'oxygène
et de l'hydrogène avait été de quatre-vingt-sept
portions du premier, et treize du second.

A peu près dans le même temps, M. Monge
faisait la même expérience à Mézières, et obte-
nait les mêmes résultats. Ce qu'il y a de remarquable, c'est que Lavoisier et Monge ne s'é-
taient point communiqué leurs idées. On peut
répéter soi-même cette expérience, en faisant,
comme M. Cavendish, brûler du gaz hydrogène sous une cloche de verre.

EXPÉRIENCES.

Dans une fiole de médecine, au goulot de laquelle vous aurez adapté un petit tuyau, mettez
un peu de limaille de fer, et versez dessus un
acide étendu dans de l'eau. Attendez que l'air
atmosphérique contenu dans la fiole se soit dé-
gagé; allumez ensuite le gaz hydrogène qui sort
du tuyau, et recouvrez l'appareil d'une cloche
de verre, mais de manière que l'air atmosphérique puisse s'y renouveler. Après quelques instans vous verrez l'eau ruisseler sur les parois de
la cloche.

Lavoisier voulut prouver sa découverte par
voie d'analise et de synthèse.

DÉCOMPOSITION DE L'EAU.

A travers un fourneau rempli de charbons
ardens, faites passer un canon de fusil un peu
incliné, et de manière que la partie la plus élevée aboutisse à un entonnoir rempli d'eau, et la
partie la plus basse à une *tubultère* qui se rend
dans un flacon; adaptez à ce flacon un second
tuyau qui se rende sous une cloche pleine d'eau,
par le moyen d'un petit bouchon placé au fond
de l'entonnoir, et assez long pour être facilement tiré ou enfoncé. Il est entendu que l'eau,
dans toute expérience de chimie, ne doit pas
être telle que nous la donne la Nature. Il faut
qu'elle soit distillée, pour être purgée de l'air et
de toutes les autres matières hétérogènes. Une
fois le canon rouge de feu, tirez le bouchon, et
faites passer l'eau goutte à goutte. L'eau se dé-
composera sur le feu, l'oxygène s'y solidifiera,
et l'hydrogène passera à l'état de gaz sous la
cloche destinée à le recevoir. Le flacon recevra
le peu d'eau qui échappera du canon sans être
décomposée.

Il y a beaucoup de remarques à faire sur
cette expérience : 1° telle qu'elle est présentée
ici, elle n'est que très-imparfaite du côté de
l'exactitude. L'eau n'a point été pesée, ni le fer,
ni les produits résultans de la décomposition;

mais Lavoisier avait mis dans cette seconde expérience la même rigueur, la même précision que dans la première; et il trouva dans l'augmentation du poids du fer, et dans le poids de l'hydrogène obtenu, la totalité de celui de l'eau avant la décomposition. 2° Dans le canon de fusil, il mit des copeaux d'un fer très-pur, ce qui vaut beaucoup mieux que de se servir du canon même, qui ne peut plus servir une fois qu'il est oxidé. 3° Il avait eu soin de mettre le flacon dans un réfrigérant, de l'entourer de glace pour condenser l'eau décomposée, mais vaporisée par son passage dans le canon; aussi, dans l'expérience faite comme ci-dessus, remarque-t-on que l'eau vaporisée n'ayant pas été assez condensée dans le flacon, s'est élevée dans la cloche avec l'hydrogène, et a déposé une vapeur blanchâtre sur les parois. Il faut observer que, dans cette expérience, le fer ne peut obtenir qu'un *minimum* d'oxidation, passé lequel l'eau n'est plus décomposée, l'affinité de l'oxygène pour l'hydrogène l'emportant alors sur celle même de l'oxygène pour le fer déjà oxidé et réduit à l'état d'étiops noir. 4° C'est par le moyen du fer qu'on obtient le gaz hydrogène le plus pur.

Pour compléter son travail, et réfuter d'avance les moindres objections, Lavoisier récomposa de l'eau de toutes *pièces*, avec le même oxygène et le même hydrogène obtenus, et il en obtint le même poids qu'il avait employé à la décomposition. Concluons des expériences de Lavoisier,

1° Que l'eau n'est plus pour nous un *élément*, puisque nous savons qu'elle est composée de deux principes;

2° Que la proportion des deux principes constituans de l'eau est quatre-vingt-sept parties d'oxygène, et treize d'hydrogène;

3° Que sa décomposition aura lieu toutes les fois qu'on lui présentera un corps qui aura plus d'affinité pour un de ces principes, que celui-ci n'en a pour l'autre, et que sa décomposition aura lieu ainsi, toutes les fois que le cas contraire se rencontrera;

4° Que si cette décomposition a lieu dans l'expérience précédente pour le fer, c'est que ce métal a plus d'affinité pour l'oxygène, que celui-ci n'en a pour l'hydrogène, auquel il était d'abord uni;

5° Que le poids de l'hydrogène obtenu, plus l'augmentation de celui du fer par l'oxygène solidifié, faisant juste le poids de l'eau avant sa décomposition, elle ne pouvait être formée que par ces deux principes;

6° Qu'avec de l'oxygène et de l'hydrogène dans les proportions et températures convenables, on formera toujours de l'eau semblable, en tous points, à celle de la nature, distillée dans un tel laboratoire;

7° Que cette expérience est si concluante, que si l'expérience pouvait être personnifiée et répondre à notre question, elle ne répondrait pas différemment que lorsque le génie de Lavoisier l'a interrogée. (*Extrait pendant les leçons de M. Raimond, professeur de chimie à Lyon.*)

LETTRE XLIII.

SUR L'ORIGINE DES BALLONS.

Dans l'épisode d'Hélie et Béatrix, j'ai eu le dessein de donner une idée des connaissances aérostatiques des anciens. Je pourrais ajouter ici un grand nombre d'exemples qui prouveraient incontestablement que M. Montgolfier n'a fait que retrouver un secret connu de quelques anciens physiciens.

Je me contenterai d'en citer encore deux exemples.

Le père Ménestrier, savant historien de Lyon, rapporte que sur la fin du règne de Charlemagne il tomba dans cette ville au milieu de la place du Change, un ballon où il y avait plusieurs personnes. Le peuple, qui croyait encore aux sorciers, s'attroupa autour d'eux, en criant que c'étaient des magiciens que Grimoald, duc de Bénévent, alors ennemi de la France, envoyait pour dévaster le pays : et, sans l'évêque Agobard, homme juste et instruit, les infortunés physiciens allaient être traînés au supplice. (*Histoire de Lyon , du père Ménestrier.*)

Mon second exemple est rapporté par le père Kircher. Il raconte que plusieurs jésuites, que les Indiens retenaient dans les fers, avaient inutilement employé plusieurs moyens pour se procurer la liberté, lorsque l'un d'eux, qui était resté libre, s'avisa de construire un immense dragon de papier. S'étant ensuite présenté devant les barbares, il les assura qu'ils étaient menacés des plus grands maux; que la vengeance divine allait les frapper, s'ils ne brisaient les fers des serviteurs de Jésus-Christ. Les Indiens incrédules se moquent de sa prédiction. Aussitôt il a recours à sa machine : il suspend dans le milieu une composition faite avec de la poix, du soufre et de la cire, il attache une grande queue à cet horrible dragon, qui est bientôt enlevé dans les nues, où il semble vomir des flammes. On y lit ces mots, écrits dans la langue du pays : *La colère de Dieu va tomber sur vous.* Les barbares alors, effrayés de ce phénomène, volent à la prison et délivrent leurs prisonniers. Peu après le feu se met au papier, le dragon s'agite, se réduit en cendres et disparaît, et les Indiens prennent pour l'approbation des dieux l'agitation et les mouvemens de cette machine.

Voici les paroles de Allan. Kircher, *artis. magnæ lucis et umbræ*, *lib.* x, *part.* 2.

Novi hoc invento nonnullos è patribus nostris in Indiâ è maximis barbarorum periculis liberatos. Detinebantur ii in carceribus, dum modum se è servitute liberandi nescirent, nonnemo callidior tale quodpiam machinamentum invenit, minitatus priùs barbaris, nisi socios redderent, brevi portenta visuros, et manifestam deorum iram expecturos. Barbaris verò risu rem excipientibus, draconem confecit, ex chartâ subtilissimâ in cujus medio, misturam ex sulphure, pice, cerâ, eâ, industriâ ordinavit, ut accensa machinam illuminaret, et simul hæc verba proprio idiomate legenda præberet, ira Dei. Quod factum est, deindè longissimâ caudâ affixâ, aeri commisit machinam, quæ mox concepto vento, in aerem abiit horrificâ quâdam draconis igniti specie. Barbari insolitum phantasmatis motum intuiti, maximoque stupore attoniti, jam se irati numinis, ac verborum patrum memores, prædictas pœnas luituri metuebant. Quare de-repentè, operto carcere, liberè quos detinebant, exire permiserunt : intereà machina correpta, et inflammata igne, strepitu veluti applaudente suapte sponte agitare desiit. Ita patres naturæ spectaculis id quod multo auro non potuerant, solo pavore immisso impetrârunt.

LETTRES XLIV.

HARMONIES HYDRO-VÉGÉTALES.

Je pourrais citer ici un grand nombre de faits pour appuyer mon opinion; mais M. Rauch, dans ses *Harmonies hydro-végétales,* en ayant réuni un grand nombre, ainsi que l'abbé Richard dans son *Histoire de l'Air,* je renvoie aux ouvrages de ces auteurs, ainsi qu'à ceux de Buffon. (Voyez *Époques de la Nature,* p. 197.)

FIN DES NOTES DU TOME QUATRIÈME.

ARGUMENS

DU QUATRIÈME VOLUME.

LIVRE QUATRIÈME.

DE L'EAU.

LETTRE XXXVIIIe. — APPARITION des ombres de Chapelle, de Chaulieu, de Bertin, etc.; ils m'ordonnent de me disculper du désir que j'ai témoigné de célébrer l'eau. Discours que je leur tiens. Soin de la Nature à répandre les eaux sur toute la terre. Les Cacovougliens, les habitans de Cumana. La terre, vue de l'empyrée. Fraîcheur délicieuse des ruisseaux. Les palais chinois. Arrivée de Ninon. Révolution parmi les ombres. Leurs adieux.

LETTRE XXXIXe. — Un mot sur Chaulieu et sur l'état des sciences dans les champs

sur les ballons. La colombe d'Architas. Origine de la maison de Clèves.

LETTRE XLVIe. — Harmonies hydro-végétales. Prévoyance et sagesse de la Nature. Le platane. Souvenir de mon père et de ma patrie. Les paysages des environs de Lyon. Aventure d'un étranger.

LETTRE XLVIIe. — Arrivée de Sophie à Paris. But général de la Nature. Grandes harmonies. But de tous les êtres. But de l'homme. Génie de l'homme.

ÉPILOGUE.

FIN DES ARGUMENS DU TOME QUATRIÈME
ET DERNIER.

www.ingramcontent.com/pod-product-compliance
Lightning Source LLC
Chambersburg PA
CBHW070512200326
41519CB00013B/2785